高等学校"十二五"计算机规划精品教材

Visual FoxPro

习题·实验·案例（第二版）

主 编○匡 松 何志国 梁庆龙 王 勇

副主编○鄢 莉 朱正国 刘 欢 张艳珍

西南财经大学出版社

Southwestern University of Finance & Economics Press

编委会

第二版前言

本书以 Visual FoxPro 6.0 为基础，覆盖全国计算机等级考试二级 Visual FoxPro 考试大纲，为学生练习和上机实验 Visual FoxPro 6.0 的相关内容提供指导，主要内容包括：数据库概述；Visual FoxPro 初步知识；数据类型与基本运算；表的操作；索引和数据库操作；视图与查询；SQL 基本操作；程序设计基础；表单设计基础；高级表单设计；报表设计及应用；菜单设计及应用；集成与综合应用实验等内容。

本书包括习题、上机实验、应用案例三大部分。习题包括选择题和填空题两类。考虑到读者参加全国计算机等级考试二级 Visual FoxPro 考试的需要，习题的选择贴近全国计算机等级考试真题。所提供的实验，与主教材《Visual FoxPro 大学应用教程》（匡松、何志国、王勇、邓克虎主编，西南财经大学出版社出版）各章的内容基本相对应，以便于读者学习教材中相应章节后可以立即进行上机实践，达到掌握原理与实际操作相结合并巩固和强化所学知识的目的。在最后的应用案例中，将教材中所涉及的主要内容集合应用于一个实际的案例，完成从分析、设计和编码实现的全过程，培养读者解决实际问题的动手能力。附录中给出了全书习题的参考答案。

本书系统全面，内容扎实，结构合理，通俗易懂，图文并茂，可作为大学生学习数据库程序设计及应用课程的配套教材，也可作为全国计算机等级考试二级 Visual Fox-Pro 考试的教学参考用书。

本书由匡松、何志国、梁庆龙、王勇担任主编，鄢莉、朱正国、刘欢、张艳珍担任副主编，匡松、何志国、梁庆龙、王勇、鄢莉、朱正国、刘欢、张艳珍是主要执笔人，陈超、何春燕、张俊坤、刘颖、缪春池、喻敏、薛飞、李太勇、王勇杰、李世嘉、吴江、韩延明、宁涛、张英、陈斌、谢志龙也参加了书中部分内容的编写工作。

编 者

2013 年 11 月

前 言

  本书以 Visual FoxPro 6.0 为基础，覆盖全国计算机等级考试（National Computer Rank Examination，简称 NCRE）二级 Visual FoxPro 考试大纲，结合高等学校财经类专业本科教学实际要求，力求为读者练习和上机实验 Visual FoxPro 6.0 的相关内容提供有益的指导。主要内容包括：数据库概述；Visual FoxPro 初步知识；数据类型与基本运算；表的操作；索引和数据库操作；视图与查询；SQL 基本操作；程序设计基础；表单设计基础；高级表单设计；报表设计及应用；菜单设计及应用；集成与综合应用实验等内容。

  本书包括习题、上机实验、应用案例三大部分。习题包括选择题和填空题两类。考虑到读者参加全国计算机等级考试的需要，习题的选择上尽可能贴近全国计算机等级考试真题。本书中设计的试验，与各章的内容具有大致的对应关系，以便于读者学习教材中相应章节后可以立即进行练习，达到原理与实际操作相结合，巩固和强化所学知识的目的。在最后的应用案例中，将教材中所涉及的主要内容集合应用于一个实际的案例，完成从分析、设计和编码实现的全过程，培养学生解决实际问题的动手能力。附录中给出了全书习题的参考答案。

  本书系统全面，内容扎实，结构合理，通俗易懂，图文并茂，可作为高等学校财经类专业程序设计和数据库应用课程的配套教材，也可作为全国计算机等级考试二级 Visual FoxPro 考试的教学参考用书。

编 者

2009 年 12 月

目 录

1　数据库概述

习题

一、选择题

1. 数据库是在计算机系统中按照一定的数据模型组织、存储和应用的_____集合。

A）模型　　　　　B）数据　　　　　C）应用　　　　　D）存储

2. 属于数据库管理系统基本功能的是_____。

I. 数据库定义　　　　　　　　　II. 数据库的建立

III. 数据的操纵　　　　　　　　IV. 数据的管理

A）I 和 II　　　B）I、II 和 III　　　C）II 和 III　　　D）I、II、III 和 IV

3. 下面论述中，能全面描述数据库技术主要特点的是_____。

A）数据的结构化、数据的冗余量小

B）数据的冗余量小、较高的数据独立性

C）数据的结构化、数据的冗余量小、较高的数据独立性

D）数据的结构化、数据的冗余量小、较高的数据独立性、自动编制程序

4. 关系数据库用_____来表示实体之间的联系。

A）树结构　　　B）二维表　　　C）网结构　　　D）图结构

5. 由计算机、操作系统、DBMS、数据库、应用程序及用户等组成的是_____。

A）文件系统　　B）数据库系统　　C）软件系统　　D）数据库管理系统

6. DBMS 指的是_____。

A）数据库管理系统　　　　　　B）数据库系统

C）数据库应用系统　　　　　　D）数据库服务系统

7. 关系数据库中有三种基本操作，将具有共同属性的两个关系中的元组连接到一起，构成新表的操作称为_____。

A）选择　　　　B）投影　　　　C）联接　　　　D）并

8. 投影运算是从关系中选取若干个_____组成一个新的关系。

A）字段　　　B）记录　　　C）表　　　　D）关系

9. 选择运算可以根据用户的要求从关系中筛选出满足一定条件的_____，但不影响关系的结构。

A）字段　　　　　　B）记录　　　　　　C）表　　　　　　D）关系

10. 在关系模型中，一个关系是_____。

A）二维表　　　　　　B）三维表　　　　　　C）数据集合　　　　D）平面坐标

11 数据库（DB）、数据库系统（DBS）、数据库管理系统（DBMS）三者之间的关系是_____。

A）DBS 包括 DB 和 DBMS　　　　　　B）DBMS 包括 DB 和 DBS

C）DB 包括 DBS 和 DBMS　　　　　　D）DBS 就是 DB，也就是 DBMS

12. 准确地说，关系数据库是_____的集合。

A）关系　　　　　　B）记录　　　　　　C）数据项　　　　　　D）字段

二、填空题

1. 在关系型数据库管理系统中，三种基本关系运算是：选择、投影和_____。

2. 在关系运算中，查找满足一定条件的元组的运算称之为_____。

3. 数据库系统的英文缩写为_____。

4. 数据库系统主要包括计算机硬件、操作系统、_____和建立在该数据库之上的相关软件、数据库管理员及用户等组成部分。

5. 数据模型一般分为三种，即：_____。

6. 在二维表中，每一行称为一个_____，用于表示一组数据项。

7. 在二维表中，每一列称为一个_____，用于表示一列中的数据项。

8. 关系运算中的选择运算是从关系中找出满足给定条件的_____。

2 Visual FoxPro 初步知识

2.1 习题

一、选择题

1. Visual FoxPro 支持的数据模型是_____。

A）层次数据模型 　　　　　　　　B）关系数据模型

C）网状数据模型 　　　　　　　　D）树状数据模型

2. 下面有关 VFP 命令窗口主要特点的叙述中，正确的是_____。

A）命令窗口不能关闭

B）命令窗口可以移动位置，但不能改变大小

C）命令窗口中的字体不可以改变字形

D）用户可以用键盘的上下箭头键翻动以前使用过的命令

3. 在命令窗口操作时，_____操作描述是错误的。

A）每行只能写一条命令，每条命令均以 Enter（回车）键结束

B）每行能写多条命令，每条命令之间用分号";"隔开

C）将光标移到窗口中已执行的命令行的任意位置上，按 Enter 键将重新执行该部分

D）按 Esc 键，可以清除刚输入的命令

4. 退出 Visual FoxPro 系统的方法包括_____。

I. 单击"文件"菜单，单击"退出"命令

II. 在 Visual FoxPro 的系统环境窗口，单击其右上角的"退出"按钮

III. 在"命令"窗口输入并执行 QUIT 命令

IV. 在"命令"窗口输入并执行 CLEAR 命令

A）I、II、III 　　　B）I、II、IV 　　　C）II、III、IV 　　　D）I、III、IV

5. Visual FoxPro 提供了_____三种操作方式。

A）交互方式、程序方式和输入方式　　B）交互方式、输入方式和窗口方式

C）交互方式、命令方式和程序方式　　D）命令方式、程序方式和输入方式

6. Visual FoxPro 对数据的操作命令输入时，下面叙述中错误的是_____。

A）每条命令必须以命令动词开头

B）命令动词使用时不区分大小写

C）按 Enter 键结束命令输入但并不执行该命令

D）绝大部分命令动词前 4 个字母和整个命令动词等效

7. 利用 Visual FoxPro 系统提供的表设计器_____。

A）只能创建表结构　　　　　　　　　　B）只能创建表结构和记录

C）可以创建表结构、记录并建立索引　　D）可以创建表、建立索引和创建查询

8. Visual FoxPro 系统中，表文件的扩展名是_____。

A）.TAB　　　　　　B）.DBF　　　　　　C）.DBC　　　　　　D）.FTP

9. Visual FoxPro 系统中，数据库文件的扩展名是_____。

A）.TAB　　　　　　B）.DBF　　　　　　C）.DBC　　　　　　D）.FTP

10. Visual FoxPro 系统中，程序文件的扩展名是_____。

A）.TXT　　　　　　B）.DBF　　　　　　C）.DBC　　　　　　D）.PRG

二、填空题

1. VFP 中，字符字段的最大宽度可以设置为_____个字符。

2. 表文件是用来存放数据的二维表，其扩展名为_____。

3. 若在创建表的结构时，用户设计了备注型字段，系统会自动生成一个扩展名为_____的备注文件。

4. 程序文件是把 Visual FoxPro 提供的命令有机地集合而组成的文件，该文件的扩展名为_____。

5. Visual FoxPro 使用了数据库文件的概念，这实际上是一个数据容器，它把相关的表集合在一起。数据库文件的扩展名为_____。

6. Visual FoxPro 6.0 不仅支持面向过程的程序设计，而且支持_____的程序设计。

7. Visual FoxPro 6.0 的操作方式有菜单方式、命令方式和_____。

8. Visual FoxPro 6.0 中使用_____设计器来创建表和建立索引。

2.2　实验

一、实验目的

1. 掌握 Visual FoxPro 系统的启动和退出方法。

2. 熟悉 Visual FoxPro 系统的集成环境。

3. 掌握项目的创建、打开与关闭的方法。

二、实验内容

【实验 2-1】Visual FoxPro 的启动与退出。

（1）启动 Visual FoxPro 系统

在 Windows 操作系统支持下，启动 VFP 的常用方法有以下两种：

方法 1：如果 Windows 桌面上建立了 VFP 的快捷方式，双击桌面上的 VFP 图标。

方法2：如果 Windows 桌面上没有建立 VFP 的快捷方式，可单击"开始"菜单中的"程序"命令，然后在程序菜单中单击"Microsoft Visual FoxPro 6.0"命令。

Visual FoxPro 系统的用户界面如图 2-1 所示。

图 2-1　Visual FoxPro 系统的用户界面

（2）退出 Visual FoxPro 系统

为保证数据的安全和软件本身的可靠性，结束使用 VFP 后，应通过正常方式退出 VFP。退出 VFP 的常用方法有以下两种：

方法1：单击"文件"菜单中的"退出"命令。

方法2：在命令窗口中输入命令 QUIT，并按 Enter 键即可。

【实验 2-2】打开和关闭 Visual FoxPro 的命令窗口

（1）打开命令窗口的常用方法有以下两种：

方法1：单击"窗口"菜单中的"命令窗口"命令。

方法2：利用 Ctrl + F2 组合键打开命令窗口。

（2）关闭命令窗口的常用方法有以下两种：

方法1：单击"窗口"菜单下的"隐藏"命令。

方法2：利用 Ctrl + F4 关闭命令窗口。

【实验 2-3】改变命令窗口中输入命令的字体大小

（1）单击"格式"菜单下的"字体"命令，弹出"字体"对话框。

（2）在"字体"对话框中，选择适当的"字体"、"字形"和"大小"。

【实验 2-3】移动命令窗口和改变窗口大小

（1）利用鼠标拖动命令窗口的标题栏，改变其位置。

（2）利用鼠标拖动命令窗口的的边框，改变其大小。

3　数据类型与基本运算

3.1　习题

一、选择题

1. 如果输入命令？2010/01/02，则系统输出结果为_____。

A) 2010/01/02　　　B) 01/02/2010　　　C) 1005　　　D) 2010

2. 在一个命令行中，输入下列内存变量赋值命令，其中格式正确的是_____。

A) A=20，B=30　B) A，B=20　　C) A=20　　D) B==30

3. 下列内存变量赋值命令中，格式正确的是_____。

A) M=数据基础

B) M="数据基础"，N="数据基础"，O="数据基础"

C) STORE "数据基础" TO M，N，O

D) STORE M，N，O TO "数据基础"

4. 下列内存变量赋值命令中，格式正确的是_____。

A) STORE {^2007/03/02} INTO A，

B) STORE 25.5 TO A，{^2007/03/02} TO B

C) STORE 25.5 TO A　B

D) STORE {^2007/03/02} TO A，B

5. 下列选项中依次输入3条命令，显示结果为30的是_____。

A) ① A=30　②B="A"　③?B　　　　B) ① A=30　②B=A　③?B

C) ① A=30　②B=&A　③?B　　　D) ① A=30　②B=.NOT.A　③ ?B

6. VFP中字符型常量由数字、字母、空格等字符和汉字组成，使用时可以使用的定界符有_____。

A)′ ′、" " 和 〔 〕　　　　　　B)′ ′、" " 和 { }

C)′ ′、( ) 和 〔 〕　　　　　　D) ^ ^、" " 和 〔 〕

7. 内存变量的数据类型有_____。

A) 字符型、数值型、日期型、日期时间型、逻辑型和备注型

B) 字符型、数值型、浮点型、日期型、日期时间型和逻辑型

C) 字符型、数值型、浮点型、日期型、逻辑型和备注型

D）字符型、数值型、日期型、日期时间型、逻辑型和通用型

8. 下列命令中，_____可以为变量 A 赋值。

I. A = 5　　　　　　　　　　II. ? A = 5

III. STORE 5 TO A　　　　　IV. STORE A TO 5

A）I、II　　　　　B）I、III　　　　　C）II、III　　　　　D）III、IV

9. 数值表达式的运算结果是_____。

A）数值型常数　　B）数值型变量　　C）字符型常数　　D）逻辑型常数

10. 算术运算符中，幂运算可使用的符号是_____。

A）^和%　　　　B）^和 * *　　　　C）^^和 * *　　　　D）^和 *

11. 算术运算符的运算顺序是_____。

A）(* * , ^) → (* , /) → (%) → (+ , -)

B）(* * , ^) → (* , /) → (+ , -) → (%)

C）(* * , ^) → (%) → (* , /) → (+ , -)

D）(* , /) → (* * , ^) → (%) → (+ , -)

12. 运算符 " < = " 相当于_____。

A）"<" 运算和 " = " 运算之间存在 "或" 的关系

B）"<" 运算和 " = " 运算之间存在 "与" 的关系

C）"<" 运算和 " = " 运算之间存在 "顺序" 的关系

D）"<" 运算和 " = " 运算之间不存在任何关系

13. 逻辑运算符的运算顺序是_____。

A）.NOT. → .AND. → .OR.　　　　B）.OR. → .NOT. → .AND.

C）.NOT. → .OR. → .AND.　　　　D）.AND. → .OR. → .NOT.

14. 各种表达式的运算顺序是_____。

A）关系运算→逻辑运算→算术运算→字符运算

B）算术运算→关系运算→字符运算→逻辑运算

C）算术运算→字符运算→关系运算→逻辑运算

D）逻辑运算→关系运算→字符运算→算术运算

15. 逻辑运算符 .AND. 的运算规则是_____。

A）两边条件均成立，则返回值为 .F.

B）两边条件均不成立，则返回值为 .T.

C）两边条件均成立，则返回值为 .T.

D）只有两边条件均不成立，返回值为 .T.

16. 使用 DIMENSION A1(3), A2(2, 3) 定义了_____个数组元素。

A）2　　　　　　B）3　　　　　　C）8　　　　　　D）9

17. 必须先使用_____语句，然后才能使用赋值语句 A(1) = 5。

A）DIMENSION A(3)　　　　　　B）STORE 3 TO A1

C）A1 = (3)　　　　　　　　　D）A1(3)

18. 如果定义了数组 B(10)，则语句 B = 5 执行结果为_____。

A）数组 B 中 10 个元素的值均为 5　　B）数组 B 中第 1 个元素的值为 5

C）数组 B 中有 1 个元素的值为 5   D）系统显示命令输入错误

19. 表达式 15%3^2 的值为_____。

A）0   B）6   C）25   D）45

20. 输入命令 ？"ABCDEF" － "DEF"，屏幕显示的输出结果为_____。

A）"ABCDEFDEF"   B）"ABC"

C）ABCDEFDEF   D）ABC

21. 命令？"字符　　"－"运算符："＋"＋"，屏幕显示的输出结果为_____。

A）"字符　　　运算符：＋"   B）字符　　运算符：＋

C）字符运算符：　　　＋   D）字符运算符：＋

22. 命令？"Pro" ＄ "ForPro" 的执行结果是_____。

A）For   B）ProForPro   C）.T.   D）.F.

23. 表达式 {^2009/09/20} ＋10 的计算结果为_____。

A）09/30/09   B）10   C）20   D）30

24. 表达式 {^2009/03/28 9：18：40} － {^2009/03/28 9：15：20} 的值的类型为_____。

A）字符型   B）数值型   C）日期型   D）逻辑型

25. 执行命令？"计算机　　" ＝ ＝"计算机" 以后输出结果为_____。

A）.T.   B）.F.   C）"计算机　　"   D）计算机

26. 函数表达式 ABS（－100.245）的值为_____。

A）－100.245   B）100.245   C）100   D）100.25

27. 依次输入下列命令：

A ＝"100 ＋200 ＋4 ＊2"

？　A

系统输出的结果是_____。

A）308   B）A ＝"100 ＋200 ＋4 ＊2"

C）100 ＋200 ＋4 ＊2   D）A

28. 依次输入下列命令：

A ＝123

B ＝"123"

？A ＋B

系统显示的结果是_____。

A）246   B）A ＋B

C）123 ＋"123"   D）操作数类型不匹配

29. 输入命令？AT（"15"，"251581　　"－"519"＋"15"，2），系统输出结果是_____。

A）2   B）3   C）6   D）10

30. 依次输入下列命令：

SUB1 ＝ SUBSTR（"程序设计基础"，1，8）

SUB2 = SUBSTR（"Microsoft Visual FoxPro"，11）

S = SUB2 + SUB1

? S

系统输出结果是_____。

A）程序设计基础   B）Microsoft Visual FoxPro

C）Visual FoxPro 程序设计   D）Microsoft Visual FoxPro 程序设计基础

31. 依次输入下列命令：

A = "建立数据库的操作"

? LEFT（A，2）+ SUBSTR（A，9，2）+ RIGHT(A，4)

输出结果是_____。

A）建库操作   B）建立数据库   C）建立数据操作   D）建立数据库操作

32. 依次输入下列命令：

A = SPACE（3）+ "管理"

B = SPACE（3）+ "信息"

C = "系统" + SPACE（3）

? LEN（TRIM（LTRIM（A + B）+ C））

系统输出结果是_____。

A）3   B）6   C）12   D）15

33. 输入下列命令：

? ｛^2009/09/02^｝+ 1

系统输出结果的数据类型是_____。

A）日期   B）时间   C）数值   D）字符

34. 依次输入下列命令：

d1 = ｛^2009/10/05｝

d2 = ｛^2009/11/05｝

? d2 − d1

系统输出结果是_____。

A）31   B）30   C）1   D）d2 − d1

35. 依次输入下列命令：

A = 25.68

B = 100

? STR（A，5，1）+ ALLTRIM（STR（SQRT（B）））

系统输出结果是_____。

A）35.6   B）35.7   C）25.610   D）25.710

36. 输入命令? STR（VAL（"100"）/2），输出结果是_____。

A）100   B）50   C）1002   D）100/2

37. 输入命令? LEN（ALLTRIM（STR（VAL（"100"）/2））），输出结果是_____。

A）1　　　　　　　B）2　　　　　　　C）3　　　　　　　D）4

38. 下列表达式中，其值为 0 的是_____。

I. VAL（"A3000"）　　　　　　II. TRIM（SPACE（2）+ "A"）

III. STR（0.4567）　　　　　　IV. INT（-0.4567）

A）I、II、III　　　B）I、II、IV　　　C）I、III、IV　　　D）II、III、IV

39. 依次输入下列命令：

A = "20.45"

B = "30"

? STR（ROUND（VAL（A + B），1），4，1）

系统输出结果是_____。

A）20.5　　　　　B）50.5　　　　　C）20.45　　　　　D）50.45

40. 已知字符 A 的 ASCII 码值为 65，表达式 ASC（"A"）+ ASC（"EF"）的值为_____。

A）134　　　　　B）204　　　　　C）6569　　　　　D）656970

41. 已知字符 A 的 ASCII 码值为 65，输入命令？CHR（68）+ CHR（66），系统输出结果是_____。

A）134　　　　　B）6866　　　　　C）DB　　　　　D）D

42. 下列表达式中，其值为数值型数据的是_____。

I. YEAR（DATE（））　　　　　II. DAY（DATE（））

III. TIME（）　　　　　　　　IV. DATE（）-｛^2009/11/05｝

A）I、II、III　　　B）I、II、IV　　　C）I、III、IV　　　D）II、III、IV

43. 表达式的值为假的是_____。

A）1 < 2　　　　B）1 < = 2　　　　C）"1" < "2"　　　　D）"一" < "二"

44. 下列命令执行后，显示结果为 N 的是_____。

I. ? VARTYPE（LEN（"3.14"））

II. ? VARTYPE（ASC（"D"））

III. ? VARTYPE（DATE（）+10）

IV. ? VARTYPE（AT（"9"，DTOC（｛^2009/03/01｝）））

A）I、II　　　　B）II、III　　　　C）III、IV　　　　D）I、II、IV

45. 下列命令执行后，显示结果为 L 的是_____。

I. ? VARTYPE（.T.）

II. ? VARTYPE（ASC（"3.14" + "3.14"））

III. ? VARTYPE（"3.14" $ "3.1415926"）

IV. ? VARTYPE（DATE（）= ｛^2009/03/01｝）

A）I、II、III　　　B）I、III、IV　　　C）II、III、IV　　　D）I、II、IV

二、填空题

1. 写出 VFP 中所有可以表示逻辑常量"真"的形式_____。

2. 写出 VFP 中所有可以表示逻辑常量"假"的形式_____。

3. 如果输入赋值命令 A = 2009/01/02，则内存变量 A 的类型为_____。

4. _____函数从系统当前日期中返回年份。

5. _____函数从系统当前日期中返回月份。

6. _____函数从系统当前日期中返回日期。

7. 表达式 {^2009/09/30} － {^2009/09/10} 的值为_____。

8. 表达式 125 ＊ 5 ＜ ＝625 的值为_____。

9. 表达式 10 ＊ 20 ＜ ＝200 AND 10 ＊ 20 ＞ ＝200 的值为_____。

10. 表达式 25 ＜ ＞20 AND 25#20 AND 25！＝20 的值为_____。

11. 在系统默认的条件下，执行命令？"数据基础" ＝"数据"，显示结果为_____。

12. 执行命令？"ABC" ＝"AC" 的输出结果为_____。

13. 表达式 NOT 10 ＊ ＊2 ＞100 OR 50 ＊ 10 ＞25 AND 16 ＞16 的值为_____。

14. 表达式 15 ＊ 3 ＞25 .OR. 170 ＞34 的值为_____。

15. 表达式 .NOT. 340 ＞100 .AND. 50 ＞ ＝40 的值为_____。

16. 表达式 .F.　AND　.T.　OR　NOT　.T. 的值为_____。

17. 表达式 .F. OR .T.　AND　NOT .T. 的值为_____。

18. 如果内存变量 X、Y、Z 的值已赋为 20、30、"XYZ"，则表达式 X ＞ ＝ Y OR X ＜ ＝ Y ＋10 AND Z ＄ "XYZABC" OR .F. 的值为_____。

19. 表达式 INT （ －11. 9 ＋3 ） ＋ABS （ －10 ） 的值为_____。

20. 表达式 MAX （10 ＊ ＊2，10 ＊ 2 ） 的值为_____。

21. 如果 A1、A2、A3、A4 的值分别为 10、－20、30、40. 5，则表达式 MAX （A1 ＋A2，ABS （A2 ＊ A3），A3 ＊ 2，INT （A4）） 的值为_____。

22. 如果 A1、A2、A3、A4 的值分别为 10、－20、30、40. 5，则表达式 MIN （ABS （A1 ＋A2），A3 ＊ 2，INT （A4）） 的值为_____。

23. 表达式 INT （SQRT （3^2 ＋ROUND （2. 098，2） ＊ 10）） 的值为_____。

24. 表达式 ROUND （INT （SQRT （1680. 67）） ＋2. 356，1） 的值为_____。

25. 表达式 MOD （ －INT （SQRT （105）），－3） 的值为_____。

26. 表达式 LEN （"Visual" ＋"FoxPro" ＋"教程"） 的值为_____。

27. 函数表达式 AT （"数组"，"一维数组和二维数组"） 的值为_____。

28. 依次输入下列命令：

A ＝"软件"

B ＝"系统软件" ＋SPACE （6） －"应用软件"

？AT （A，B，2）

系统输出结果是_____。

29. 表达式 LEN （SUBSTR （"Internet"，6） ＋SPACE （3）） 的值为_____。

30. 输入命令？LEN （ALLTRIM （"　　　计算机" ＋SPACE （10） ＋"应用"）），系统输出结果是_____。

31. 输入命令？UPPER （LOWER （"Yes.No. "）），系统输出结果是_____。

32. 输入命令？［字符串"数据模型"的长度为:］ ＋STR （LEN （"数据模型"）），

输出结果是_____。

3.2　实验

一、实验目的

1. 学习和掌握有关 Visual FoxPro 各种数据量的定义。
2. 学习和掌握 Visual FoxPro 数据库中的各种运算符及使用。
3. 了解和掌握常用函数的使用。

二、实验内容

【实验 3 - 1】在命令窗口中输入下面的命令，在屏幕上输出常量。

? 40. 25	&&	输出结果为：40. 25
? "程序设计"	&&	输出结果为：程序设计
? .T.	&&	输出结果为：.T.
? {^2009/01/02}	&&	输出结果为：2009/01/02
? {^2009/01/02 09：36：05}	&&	输出结果为：2009/01/02 09：36：05

【要点提示】

① 字符型常量也叫字符串，它由数字、字母、空格等字符和汉字组成，使用时必须用定界符（' '、" " 或 ［ ］）。

② 如果输入：? T，则系统提示：找不到变量'T'，读者可自行分析其原因。注意：应操作输入逻辑真的常量表示形式 .T. 、.t. 、.Y. 、.y. 和逻辑假的常量表示形式 .F. 、.f. 、.N. 、.n. 。

③ 如果输入：? 2007/01/02 ，则系统输出结果为：1003. 50，读者可自行分析其原因。

【实验 3 - 2】在命令窗口中输入下面的命令，实验内存变量赋值与内存变量值的输出。

A = 15. 5

| ? A | && | 输出结果为：15. 5 |

BOOK = "程序设计教程"

| ? BOOK | && | 输出结果为：程序设计教程 |

判断 = .F.

| ? X | && | 输出结果为：.F. |

Y = {^2007/03/02}

| ? Y | && | 输出结果为：2007/03/02 |

store 25. 5 to A1

| ? A1 | && | 输出结果为：25. 5 |

store 25. 5 to B1，B2，C1

? B1

? B2

? C1   &&   输出结果为：25.5

                                      25.5

                                      25.5

AB = B1

? AB   &&   输出结果为：25.5

【要点提示】

① 注意赋值语句 < 内存变量 > = < 表达式 > 和 STORE < 表达式 > TO < 内存变量名表 > 的区别。STORE 可以一次向多个变量赋值，观察输出命令? 和?? 的差异。

② 注意内存变量的数据类型是由它所存放的数据类型来决定的。其类型有：字符型、数值型、浮点型、日期型、日期时间型和逻辑型六种。

【实验 3 - 3】在命令窗口中输入下面的命令，实验数组的定义和赋值。

DIMENSION A(3)，B(2，3)

A(1) = 5

A(2) = 6

A(3) = "计算机"

? A(1)

? A(2)

? A(3)   &&   输出结果一次为：5、6、计算机

B(1，1) = 10

B(1，2) = 20

B(1，3) = "计算机"

B(2，1) = .T.

B(2，2) = {^2007/01/10}

? B(1，1)   &&   输出结果为：10

DIMENSION C(3)，D(2，3)

STORE 100 TO C

D = 200

【要点提示】

① 数组使用前须先定义，可使用 DIMENSION / DECLARE 命令。Visual FoxPro 中可以定义一维数组和二维数组。

② 读者可自行输出数组 B、C、D 中的元素的值。

【实验 3 - 4】在命令窗口中输入下面的命令，熟悉和掌握算术运算符与数值表达式练习。

? 8 + 5 * 2

? (8 + 2 * 3 - 2) * 2/3   &&   输出结果为：18 和 8

? 5 * * 3   &&   输出结果为：125

? 5 % 3   &&   （求余数运算）输出结果为：2

【要点提示】

① 乘方运算符也可使用符号"^"。

② 算术运算符的运算顺序：幂（ * * ，^）→乘除（ * ，/ ）→模运算（ % ）→加减（ + ，- ）。

③ 括号"（ ）"具有最高的优先级。

【实验3-5】在命令窗口中输入下面的命令，熟悉和掌握字符运算符与字符表达式练习。

? "ABC" + "DEFG"

? "计算机" + "应用" + "教程"

? "ABC   " + "DEFG"   && 连接含空格的字符串。

? "ABC   " - "DEF" + "G"

&& 连接字符串，输出结果为新的字符串。

? "Pro" $ "ForPro"   && 运算符"$"计算出的值为逻辑型。

? "PF" $ "ForPro"

? "信息" $ "信息管理"

? "FP" $ "ForPro"

* $ 运算输出结果依次为：.T. 、.F. 、.T. 、.F. 。

【实验3-6】在命令窗口中输入下面的命令，熟悉和掌握日期或时间运算符及其表达式的练习。

? {^2009/03/20} + 10   && 日期表达式。系统默认输出格式为：月/日/年。

? {^2009/03/20} - 10

* 输出结果依次为：03/30/09 和 03/10/09。

? {^2009/03/20 10：20：01} + 200   && 日期时间表达式。200 的单位为"秒"。

? {^2009/03/20 10：20：01} - 200

* 输出结果依次为：03/09/20 10：23：21、03/09/20 10：16：41。

【要点提示】

注意输出的日期型数据格式。

【实验3-7】在命令窗口中输入下面的命令，熟悉和掌握关系运算符和关系表达式的练习。

? 25 * 4 < 100   && 练习算术表达式组成的关系表达式。

? -200 > -400

? 4 * 7 - 10 = 24

? 15 < > 20

? 15#20

? 15！ = 20

* 输出结果依次为：.F. 、.T. 、.F. 、.T. 、.T. 和 .T. 。

? 25 * 4 < = 100   && 练习关系运算符：< = 和 > = 。

? 25 * 4 < = 101

? -200 > = -400

? -200 > = -200

  *输出结果依次为：.T. 、.T. 、.T. 和.T. 。

? "ABC" > "ABD"   && 字符表达式组成的关系表达式。

? "AB" > "ABD"

? "计算机" > "计算"

? "123" < "124"

? "124" > = "123"

  *输出结果依次为：.F. 、.F. 、.F. 、.T. 和.T. 。

? "XYZ" < "ABD"   && 字符表达式中空格的运算。

? "   XYZ" < "ABD"

  *输出结果依次为：.T. 和.F. 。

? "AB" = "ABC"   && 系统默认的关系运算符 "=" 的模糊比较。

? "ABC" = "AB"

? "计算" = "计算机"

? "计算机" = "计算"

  *输出结果依次为：.F. 、.T. 、.F. 和.T. 。

SET EXACT ON   && 通过设置改变关系运算符 "=" 为精确比较。

? "AB" = "ABC"

? "ABC" = "AB"

? "计算" = "计算机"

? "计算机" = "计算"

  *输出结果依次为：.F. 、.F. 、.F. 和.F. 。

? "AB" = = "ABC"

? "ABC" = = "AB"

? "计算" = = "计算机"

? "计算机" = = "计算机"

  *输出结果依次为：.F. 、.F. 、.F. 和.T. 。

【要点提示】

运算符 "< =" 相当于 "<" 运算和 "=" 运算之间存在 "或" 的关系。运算符
"> =" 也类似。

【实验 3 - 8】在命令窗口中输入下面的命令，熟悉和掌握逻辑运算符和逻辑关系表
达式的练习。

? .NOT. 9 > 3

? .NOT. 5 * 10 > 25 .

? .NOT. "计算" = "计算机"

A = 10

? .NOT. A * 10 > 100

＊.NOT. 运算输出结果依次为：.F. 、.F. 、.T. 和 .T. 。

? 5 * 10 > 25 .AND. 36 > 26 &&.T. 、.AND. .T. 值为.T. 。

? .NOT. 10 > 100 .AND. 50 = 40 &&.T. 、.AND. .F. 值为.F. 。

? 10 > 100.AND. 50 < > 40 &&.F. 、.AND. .T. 值为.F. 。

? .NOT. 100 > 10 .AND. 50 = 40 &&.F. 、.AND. .F. 值为.F. 。

? 5 * 10 > 25 .OR. 36 > 26 &&.T. 、.OR. .T. 值为.T. 。

? .NOT. 10 > 100 .OR. 50 = 40 &&.T. 、.OR. .F. 值为.T. 。

? 10 > 100 .OR. 50 < > 40 &&.F. 、.OR. .T. 值为.T. 。

? .NOT. 100 > 10 .OR. 50 = 40 &&.F. 、.OR. .F. 值为.F. 。

【要点提示】

① 逻辑表达式运算的结果是逻辑值真（.T. ）或假（.F. ）。

② 逻辑运算符的运算顺序：.NOT. → .AND. → .OR. 。

【实验 3 - 9】在命令窗口中输入下面的命令，熟悉和掌握各种表达式的运算顺序。

? .F. AND .T. OR NOT .T.

? .F. OR .T. AND NOT .T.

? OR "计算机" = "计算" AND NOT 7 < 7

? 1000 < 100 + 50 AND "AB" + "EFG" > "ABC" OR NOT "Fox" $ "FoxPro"

X = 23.4

Y = 35

Z = "AB"

? X > Y AND Y < > Y + 45 AND Z $ "ABCD" OR .F.

＊输出结果依次为：.F. 、.F. 、.T. 、.F. 和 .F. 。

【要点提示】

① 各种表达式的运算顺序：算术运算→字符运算→关系运算→逻辑运算

② 以表达式 1000 < 100 + 50 AND "AB" + "EFG" > "ABC" OR NOT "Fox" $ "Fox-Pro" 为例，说明运算顺序如下：

先运算 100 + 50、"AB" + "EFG" 和"Fox" $ "FoxPro"

再运算 1000 < 150 和"ABEFG" > "ABC"，结果依次为 .F. 和 .T. 。

最后按 NOT→AND→OR 顺序进行运算，即：

.F. AND .T. OR NOT .T. → .F. AND .T. OR .F. → .F. OR .F.

该表达式的运算结果为逻辑值 .F. （假）。

【实验 3 - 10】在命令窗口中输入下面的命令，熟悉和掌握常用数值运算函数。

? ABS （ - 10.5） && 返回指定数值表达式值的绝对值。

? ABS （ - 20）

? ABS （5 * 7 - 4 * 8）

＊ ABS （ ）输出结果依次为：10.5、20、3。

? EXP （2） && 计算以 e （约等于 2.718 28） 为底表达式值为指数的幂。

? EXP （5）

＊ EXP（）输出结果依次为：7.39、148.41。

? INT（－10.9＋3） &&返回指定数值表达式值的整数部分。

? INT（123.88）

＊ INT（）输出结果依次为：－7、123。

? CEILING（8.52） &&返回大于或等于指定数值表达式的最小整数。

? CEILING（－8.52）

＊ CEILING（）输出结果依次为：9、－8。

? FLOOR（8.52） &&返回小于或等于指定数值表达式的最大整数。

? FLOOR（－8.52）

＊ FLOOR（）输出结果依次为：8、－9。

? LOG（2.718） &&求 lne 的自然对数值。

? LOG（1）

? LOG（10）

＊ LOG（）输出结果依次为：1.000、0、2.30。

? MAX（400，500） &&求两个表达式的最大值。

? MAX（5＊9，80/8）

A＝18

B＝12

C＝22

? MAX（A＋B，A－C，C，A＋C） &&输出结果为：40。

? MIN（400，500） &&计算各个数值表达式的值，并返回其中的最小值。

? MIN（5＊9，80/8）

? MIN（A＋B，A＋C） &&设 A＝18，B＝12，C＝22。输出结果为：30。

? SQRT（36） &&计算数值表达式的算术平方根。

? SQRT（36＋50）

A＝18

B＝12

C＝12.46

? SQRT（A^3＋B＊10）

? SQRT（A^2＋INT（C）＊10）

＊ SQRT（）输出结果依次为：6、9.27、77.15、23.32。

? ROUND（56.17895，3） &&在小数点右边的第 3 位后面四舍五入。

? ROUND（38.6279，2） &&在小数点右边的第 2 位后面四舍五入。

? ROUND（53.6123，0） &&在小数点后面四舍五入。

? ROUND（123.45＋89.54，0） &&计算数值表达式的值，根据小数保留位数进行四舍五入。

? ROUND（245.49，－1） &&在小数点左边第 1 位四舍五入。

? ROUND（4480.67，－2） &&在小数点左边第 2 位四舍五入。

? ROUND （INT （4480.67），2）

＊ ROUND （）输出结果依次为：56.179、38.63、54、213、250、4500、4480.00。

? MOD （10，3）　　　　　　　　&& 返回两个数值相除后的余数。结果为1。

? MOD （30，-3）　　　　　　　&& 结果为0

? MOD （-40，3）　　　　　　　&& 结果为2

? MOD （-50，-3）　　　　　　&& 结果为-2

? MOD （-INT （SQRT （50）），-3）　&& 结果为-1。

【要点提示】

MOD （）运算的规则：余数的正负号与除数相同。如果被除数与除数同号，函数值为两数相除的余数；如果被除数与除数异号，则函数值为两数相除的余数再加上除数的值。

【实验3-11】在命令窗口中输入下面的命令，熟悉和掌握字符处理函数。

? LEN （"abcdef"）　　　　　　&& 求字符串长度函数。

? LEN （"计算机应用"）

? LEN （"Visual" +"FoxPro" +"教程"）

＊ LEN （）输出结果依次为：6、10、16。

? AT （"t"，"Internet"，2）　　&& 第2次出现的起始位置。

? AT （"应用"，"计算机应用"）　　　　&& 起始位置默认值为1。

? AT （"IS"，"THIS IS A BOOK"，2）

? AT （"数据"，"数据库" +"管理" +"系统"）

? AT （"数据管理"，"数据库" +"管理"）　　&& 如果不在其中则返回值0。

＊ AT （）输出结果依次为：8、7、6、1和0。

?"数据" + SPACE （4）+"处理"

?"数据" + SPACE （LEN （"ABCDEF"）+"处理"　　&& 注意字符中间的空格数目。

? SUBSTR （"FoxPRO"，2，2）　　&& 从第2个字符开始取出2个字符。

? SUBSTR （"数据库系统"，7）　　　&& 从第7个字符开始取到最后。

? SUBSTR （"面向对象程序设计"，9，4）

? SUBSTR （"Microsoft Visual FoxPro"，18，3）

＊ SUBSTR （）输出结果依次为：ox、系统、程序、Fox。

? LEFT （"FoxPro"，3）

? LEFT （"计算机应用"，6）

? LEFT （"面向对象程序设计"，8）

＊ LEFT （）输出结果依次为：Fox、计算机、面向对象。

? RIGHT （"FoxPro"，3）　　　&& 从字符串右端取出3个字符，结果为：Pro

? RIGHT （"计算机应用"，4）

? RIGHT （"面向对象程序设计"，8）

＊ RIGHT （）输出结果依次为：Pro、应用、程序设计。

? LTRIM （"　　计算机"）　　　&& 去掉字符串左端空格。

? LTRIM（"　　　计算机　应用"）　　&& 字符串中间的空格不能删除。

　* LTRIM（）输出结果依次为：计算机、计算机　应用。

? TRIM（"数据　　　"）　　　　　 && 去掉字符串右端空格。

? TRIM（"数据　处理　　"）　　&& TRIM（）输出结果依次为：数据、数据　处理。

? ALLTRIM（"　计算机科学　　　"）　　　 && 去掉字符串前导和尾部空格。

? ALLTRIM（"　Microsoft Visual FoxPro　　"）

　* ALLTRIM（）输出结果依次为：计算机科学、Microsoft Visual FoxPro。

S = "Microsoft Visual FoxPro"

? OCCURS（"o"，s）　　　　　　 && 子串"o"在字符串中出现了 4 次。

? OCCURS（"ro"，s）　　　　　　 && 子串"ro"在字符串中出现了 2 次。

T = "Visual FoxPro 的变量一般分字段变量和内存变量两大类。"

? OCCURS（"变量"，t）　　　　　 && 子串"变量"在字符串中出现了 3 次

? OCCURS（"字段变量"，t）　　&& 子串"字段变量"在字符串中出现 1 次。

　* OCCURS（）输出结果依次为：4、2、3、1。

? LOWER（"FoxPro"）　　　　　　 && 将字符表达式中的大写字母转换为小写字母。

? LOWER（"Visual" + "FoxPro"）

? UPPER（"FoxPro"）　　　　　　 && 将字符表达式中的小写字母转换为大写字母。

【要点提示】

① ATC（）与 AT（）的功能相似，但在子串比较时不区分字母的大小写。

② SUBSTR（）如缺省 < 数值表达式 2 >，将从起点截取到字符表达式的结尾。函数的返回值为字符型。

【实验 3 - 12】在命令窗口中输入下面的命令，熟悉和掌握常用的转换函数练习。

? STR（123.4567，6，2）　　　 && 将数值表达式转换为字符串。

? STR（2343.4567）　　　　　　 && 只显示小数点左边的数据。

A = 239.07

? STR（A + 100.2）　　&& STR（）输出结果依次为：123.46、2343、339。

? VAL（"143.1592"）　　&& 将数字字符串转换为数值型数据（默认保留两位小数）。

? VAL（"3509"）

　* VAL（）输出结果依次为：143.16、3509.00。

? ASC（"A"）　　　　　　　　　　 && 将字符"A"转换成 ASCII 码。

? ASC（"FoxPro"）　　　　　　 && 将字符串中最左边的字符"F"转换成 ASCII 码。

? ASC（"3.14"）

　* ASC（）输出结果依次为：65、70、51。

? CHR（65）　　　　　　　　　　 && 将数值的 ASCII 码转为相应的字符。

? CHR（97）

? CHR（51）

? CHR（97 + 4）

　* CHR（）输出结果依次为：A、a、3、e。

【要点提示】

对于 STR（）函数，当要求保留的位数小于数字中的实际数值，小数位数自动按四舍五入处理。

【实验 3-13】在命令窗口中输入下面的命令，熟悉和掌握日期时间函数。

? DATE（）　　&& DATE（）函数返回系统当前日期。

? TIME（）　　&&TIME（）函数以 24 小时制、hh：mm：ss 格式返回系统当前时间。

? DATETIME（）　　&&DATETIME（）函数返回系统当前日期时间。

* 输出结果依次为系统当前的日期、时间和日期时间。

? YEAR（{^2009/03/09}）　　&& 从指定的日期表达式中返回年份。

? YEAR（{^2009/03/09 10：12：01}）　&& 从指定的日期时间表达式中返回年份。

? MONTH（{^2009/03/09}）

? DAY（{^2009/03/09}）

* 输出结果依次为：2009、2009、3、9。

? HOUR（{^2009/03/09 16：50：25}）　　&& 从指定的日期时间表达式中返回小时部分（24 小时制）。

? MINUTE（{^2009/03/09 16：50：25}）　　&& 从指定的日期时间表达式中返回分钟部分。

? SEC（{^2009/03/09 16：50：25}）　　&& 从指定的日期时间表达式中返回秒数部分。

* 输出结果依次为：16、50、25。

【要点提示】

① 练习 YEAR（）函数从系统当前日期中返回年份，MONTH（）函数从系统当前日期中返回月份，DAY（）函数从系统当前日期中返回日期。

? YEAR（DATE（））

? MONTH（DATE（））

? DAY（DATE（））

② 练习从系统当前时间中返回小时部分，从系统当前时间中返回分钟部分，从系统当前时间中返回秒数部分。

? HOUR（TIME（））

? MINUTE（TIME（））

? SEC（TIME（））

【实验 3-14】在命令窗口中输入下面的命令，熟悉和掌握测试函数。

? VARTYPE（800）　　&& 测试＜表达式＞值的类型。

? VARTYPE（"测试类型"）

? VARTYPE（LEN（"测试类型"））

? VARTYPE（DTOC（{^2007/03/01}））

? VARTYPE（.T.）

* VARTYPE（）输出结果依次为：N、C、N、C、L。

? VARTYPE （5 > 3 AND .T. OR 10 > = 10）

? VARTYPE （｛^2005/08/09｝）

? VARTYPE （｛^2005/08/09 11：21：23｝）

? VARTYPE （DATE （））

? VARTYPE （abcd）

＊VARTYPE （） 输出结果依次为：L、D、T、D、U。

X1 = 100   && 测试 < 逻辑表达式 > 的值。

X2 = 50

? IIF （X1 > X2，"YES"，"NO"）

? IIF （X1 < X2，"YES"，"NO"）

? IIF （X1 > X2 ＊2，X1 > 0，100 + X1）

? IIF （X1 > = X2 ＊2，X1 > 0，100 + X1）

? IIF （X1 > X2 ＊2，｛^2007/03/01｝，｛^2007/03/02｝）

＊IIF （） 输出结果依次为：YES、NO、200、.T.、03/02/07。

【要点提示】

① 测试表达式值的类型，返回一个表示数据类型的大写字母。注意函数返回值为字符型。其具体的含义为：

N：数值型、整型、浮点型或双精度型

Y：货币型

C：字符型或备注型

D：日期型

T：日期时间型

L：逻辑型

G：通用型

O：对象型

X：NULL 值

U：未定义

② ? 果 < 逻辑表达式 > 值为逻辑真 .T. ，函数返回 < 表达式 1 > 的值；如果为逻辑假 .F. ，则返回 < 表达式 2 > 的值。返回值有多种类型。

4 表的操作

4.1 习题

一、选择题

1. 表主要由_____两部分组成。

A) 结构部分和记录部分   B) 记录部分和数据部分

C) 结构部分和属性部分   D) 关系部分和属性部分

2. 已知数据表"商品清单"的结构为：编号（C，4）、品名（C，20）、单价（N，6，2）、数量（N，6，0）、金额（N，10，2），则单价字段可接收的最大数额为_____。

A) 999.99   B) 9999.99   C) 99 999.99   D) 999 999.99

3. 设计数据表时，_____字段需要由设计者根据实际需要设置适当的宽度。

A) 字符型、日期型和数值型

B) 字符型、日期型、逻辑型和数值型

C) 字符型、逻辑型和数值型

D) 字符型和数值型

4. 设计数据表时，_____字段由 Visual FoxPro 规定其宽度。

A) 日期型、逻辑型、备注型、通用型

B) 字符型、日期型、备注型、通用型

C) 数值型、逻辑型、备注型、通用型

D) 日期型、数值型、逻辑型、备注型

5. 下面有关创建表结构的论述中，正确的是_____。

A) 如果设计了备注型字段，系统会自动生成一个扩展名为 .BAK 的备注文件

B) 如果设计了通用型字段，系统会自动生成一个扩展名为 .GEN 的通用文件

C) 如果设计了备注型和通用型字段，则分别生成扩展名为 .FTP 和 .GEN 的文件

D) 如果设计了通用型字段，系统会自动生成一个扩展名为 .FTP 的备注文件

6. 备注型字段是一种特殊的字段，下列有关它的叙述中，错误的是_____。

A) 备注型字段存储一个指针，指针指向备注内容存放地的地址

B) 备注内容存放在与表同名、扩展名为 .FPT 的文件中

C）如果有多个备注型字段，则对应有多个 .FPT 文件

D）该字段由 Visual FoxPro 规定其宽度为 4

7. 通用型字段是一种特殊的字段，下列有关它的叙述中，错误的是_____。

A）通用型字段存储一个指针，指针指向存储通用型字段内容的地址

B）通用型字段内容存放在与表同名、扩展名为 .GPT 的文件中

C）如果既有备注型字段，也有通用型字段，则只有一个 .FPT 文件

D）该 .FPT 文件随表的打开而自动打开

8. 设计数据表时，对数值型字段需要考虑小数位数。下列有关小数位数设计的叙述中，错误的是_____。

A）小数点在字段宽度中占 1 位

B）正负号在字段宽度中也占 1 位

C）设置的字段宽度过窄，则无法正确输入数据内容

D）设置的字段宽度过窄，系统可以自行扩展

9. 字符型字段最多可以输入_____个字符。

A）64　　　　　　　B）128　　　　　　　C）254　　　　　　　D）1024

10. 数据表的结构建立后，可按记录逐个字段输入各条记录的数据，最后通过_____关闭窗口，保存记录。

I. 按下 Ctrl + W 键　　　　　　　　　　II. 按下 Ctrl + Q 键

III. 单击"编辑"窗口的关闭按钮

A）I 或 III　　　　B）I 或 II　　　　C）II 或 III　　　　D）I 或 II 或 III

11. 如果备注型字段中显示为 memo，则说明_____。

A）备注型字段没有任何内容　　　　　　B）备注型字段已输入字符"memo"

C）备注型字段已输入内容　　　　　　　D）输入内容有错误

12. 如果通用型字段中已输入数据，则相应字段中显示_____。

A）gen　　　　　　B）Gen　　　　　　C）Memo　　　　　　D）空白

13. 通用型字段的操作涉及 Windows 链接和嵌入两个概念。下列有关的叙述中，错误的是_____。

A）嵌入是指将 OLE 对象真正复制到数据表文件中

B）链接在数据表文件中仅设置了地址

C）链接后原数据的变化将影响表文件中的数据

D）链接后原数据的变化将不再影响表文件中的数据

14. 逻辑型字段可以接受的数据为_____。

A）字母 T、Y、F、N 这 4 个字母之一（不区分大小写）

B）字母 T、Y、F、N 这 4 个大写字母之一

C）字母 T、Y、F、N 这 4 个字母之一或组合

C）字母 T、Y、F、N 这 4 个字母的组合

15. 进入表"浏览"窗口后，为打开的表输入备注型字段数据的方法是_____。

A）双击记录的备注型字段 memo 标志区

B）单击记录的备注型字段 memo 标志区

C）直接在记录的备注型字段区输入数据，和输入文本型字段一样

D）直接将文字粘贴到备注型字段区

16. _____时，Visual FoxPro 会自动生成一个备份文件。

A）修改表结构　　　B）修改表记录　　　C）显示表结构　　　D）显示表记录

17. 在"浏览"方式下，进入表"浏览"窗口。通过选择"显示"菜单的"追加方式"命令，可以在表的_____追加记录。

A）第一条记录前追加新记录

B）第一条记录后追加新记录

C）记录末尾追加新记录

D）记录中的任何位置追加新记录

18. 在 Visual FoxPro 中，删除记录的方法可以分成两步_____。

A）先逻辑删除，再物理删除记录　　　B）先物理删除，再逻辑删除记录

C）先选择记录，再逻辑删除记录　　　D）先显示记录，再物理删除记录

二、填空题

1. 已知某数据表的结构为：编号（C，4）、单价（N，7，2）、数量（N，6，0），则单价字段可接收的最大数额为_____。

2. 备注内容存放在与表同名、扩展名为_____的文件中。

3. 日期型字段的字段宽度为_____个字节。

4. 逻辑型字段的字段宽度为_____个字节。

5. 如果备注型字段中显示为_____，则说明备注型字段没有任何内容。

6. 如果通用型字段中已输入数据，则相应字段中显示_____。

7. 如果需要在一个字段中输入"商品单价"，该字段的数据类型应该设置为_____型。

8. 如果需要在一个字段中输入"产品说明"（产品说明文字长度不限），该字段的数据类型应该设置为_____型。

9. _____删除是指删除磁盘上表文件的记录，删除后的记录不能恢复。

10. VFP 中_____删除记录，是指为记录标上逻辑删除标记，并且可以恢复成正式的记录。

4.2　实验

一、实验目的

1. 学习并掌握有关表结构的创建的各种方法。

2. 熟练掌握如何在表中添加记录的方法。

3. 掌握和了解在屏幕上显示记录和表结构的命令。

二、实验内容

【实验 4 - 1】分析数据表的结构。

（1）熟悉后续实验中要使用的数据表"图书库存表"的结构和记录。

① 图书库存表结构，见表 4 - 1。

表 4 - 1 　　　　　　　　　　图书库存表结构

字段名	类型	宽度	小数位数
书目编号	C	4	
书名	C	40	
作者	C	8	
出版社	C	20	
附光盘否	L	1	
内容简介	M	4	
封面	G	4	
单价	N	6	2
数量	N	6	0
金额	N	10	2
盘点日期	D	8	

② 图书库存表记录见表 4 - 2。

表 4 - 2 　　　　　　　　　　图书库存表记录

书目编号	书名	作者	出版社	附光盘否	内容简介	封面	单价	数量	金额	盘点日期
A001	C＋＋面向对象程序设计	谭浩强	清华大学出版社	F	memo	gen	26.00	5000	0.00	2009/08/10
A101	Visual FoxPro 程序设计	张艳珍	电子科技大学出版社	F	memo	gen	26.00	2000	0.00	2009/08/09
A102	Visual FoxPro 程序设计基础	卢湘鸿	清华大学出版社	F	memo	gen	30.00	3800	0.00	2009/08/10
A103	Visual FoxPro 应用教程	匡松	电子科技大学出版社	F	memo	gen	28.00	1800	0.00	2009/08/10
A201	Visual Basic 程序设计	唐大仕	清华大学出版社	F	memo	gen	29.00	6000	0.00	2009/08/10
B003	计算机应用教程	卢湘鸿	清华大学出版社	F	memo	gen	36.00	2600	0.00	2009/08/09
C001	计算机网络	谢希仁	电子工业出版社	T	memo	gen	35.00	100	0.00	2009/08/08
B001	计算机基础及应用教程	匡松	机械工业出版社	F	memo	gen	35.00	2600	0.00	2009/08/09

（2）熟悉后续实验中要使用的数据表"图书销售表"的结构和记录。

① 图书销售表结构，见表 4 - 3。

表 4 - 3 　　　　　　　　　　图书销售表结构

字段名	类型	宽度	小数位数
书目编号	C	4	
销售日期	D	8	

表4-3(续)

字段名	类型	宽度	小数位数
数量	N	4	0
金额	N	10	2
部门代码	C	3	

② 图书销售表记录，见表4-4。

表4-4　　　　　　　　　　　　　图书销售表记录

书目编号	销售日期	数量	金额	部门代码
A103	2009-6-10	50	0.00	01
A102	2009-6-10	100	0.00	01
A104	2009-6-10	200	0.00	02
B001	2009-6-10	50	0.00	03
C001	2009-6-10	12	0.00	01
A103	2009-6-10	20	0.00	01
A201	2009-6-10	100	0.00	02
A104	2009-6-11	10	0.00	03
A102	2009-6-11	120	0.00	03
B001	2009-6-11	20	0.00	01
C001	2009-6-11	30	0.00	02
B003	2009-6-11	60	0.00	01
A104	2009-6-11	3	0.00	03
C001	2009-6-11	10	0.00	03
A102	2009-6-12	62	0.00	03
B001	2009-6-12	100	0.00	03
A201	2009-6-12	20	0.00	02
B003	2009-6-12	80	0.00	01

（3）熟悉后续实验中要使用的数据表"部门核算表"的结构和记录。

① 部门核算表结构，见表4-5。

表4-5　　　　　　　　　　　　　部门核算表结构

字段名	类型	宽度	小数位数
部门代码	C	3	
部门	C	8	
销售总额	N	10	2
奖励	N	8	2

② 部门核算表记录，见表4-6。

表4-6　　　　　　　　　　　　　　部门核算表记录

部门代码	部门	销售总额	奖励
01	第一小组	0.00	0.00
02	第二小组	0.00	0.00
03	第三小组	0.00	0.00

【要点提示】

注意熟悉下列相关概念：

① 对字符型、数值型和浮点型字段，由设计者根据实际需要设置适当的宽度。其他数据类型，如日期型、逻辑型、备注型、通用型等的宽度由 Visual FoxPro 规定。

② 备注型字段用于存储一个指针，该指针指向备注内容存放地的地址。备注内容存放在与表同名、扩展名为 .FPT 的文件中。通用型用于存储一个指针，该指针指向 .FPT文件中存储通用型字段内容的地址。如果既有备注型字段，也有通用型字段，也只有一个 .FPT 文件。该 .FPT 文件随表的打开而自动打开，如果它被破坏或丢失，则表也就不能打开。

③ 只有数值型、浮点型及双精度型字段才有小数位数。小数点在字段宽度中占1位，正负号在字段宽度中也占1位。设置的字段宽度要足够容纳将要显示的数据内容，并根据实际情况设置正确的小数位数。

【实验4-2】菜单方式建立数据表的结构。

（1）打开"文件"菜单，单击"新建"命令，打开"新建"对话框。

（2）在"新建"对话框中，选中"表"单选按钮，如图4-1所示。

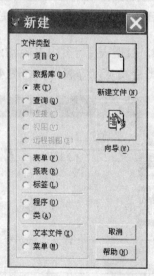

图4-1　"新建"对话框

（3）单击"新建文件"按钮，打开"创建"对话框。在"创建"对话框中，选择表所保存的文件夹为 VFP 实验，并输入所建表的名字"图书库存表"，如图4-2所示。

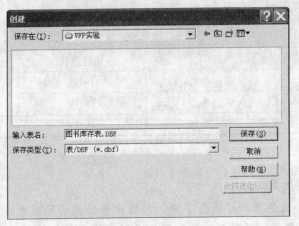

图 4-2 "创建"对话框

（4）单击"保存"按钮，打开"表设计器"对话框，如图 4-3 所示。

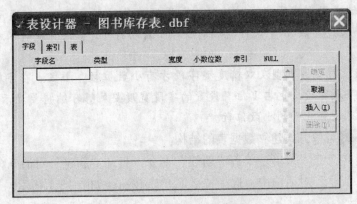

图 4-3 "表设计器"对话框

（5）在"字段"选项卡中，根据表 4-3 的内容输入"图书库存表"的结构，逐一定义表中各个字段的名字、类型及宽度等属性，如图 4-4 所示。

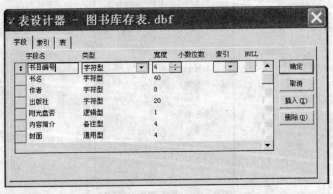

图 4-4 定义表的字段属性

（6）所有字段的属性定义完成后，单击"确定"按钮，出现一个对话框询问是否输入数据，如图 4-5 所示。

图4-5 输入记录询问对话框

（7）如果单击"否"按钮，关闭"表设计器"对话框，建立表的结构结束，此时"图书库存表"中只有表的结构信息，没有数据。

（8）如果单击"是"按钮，则出现"图书库存表"的记录编辑窗口，可以输入数据。

【要点提示】

① 字段的数据类型应与设计的数据类型相符。

② 如果想让字段接受空值，则选中 NULL。

【实验4-3】表数据的输入。

方法1：数据表的结构建立后立即输入数据。

（1）数据表的结构建立后，在"现在输入数据记录吗？"系统提示对话框中，单击"是"按钮，打开记录编辑窗口，如图4-6所示。

图4-6 记录编辑窗口

（2）按记录逐个字段输入各条记录的数据。

（3）按下 Ctrl + W 键或单击"编辑"窗口的关闭按钮，关闭窗口，保存记录。

方法2：在浏览器窗口中追加数据。

（1）打开表文件。

（2）打开"显示"菜单，单击"浏览"命令，打开"浏览"窗口。

（3）再次打开"显示"命令，单击"追加方式"命令，即可在当前表的末尾追加新记录。

（4）逐个字段输入追加记录的数据。

（5）按下 Ctrl + W 键或单击"浏览"窗口的关闭按钮，关闭窗口，保存记录。

【要点提示】

在输入数据时，为了提高数据输入的准确性和速度，应注意以下几点：

① 如果输入的数据宽度等于字段宽度时，光标自动转到下一个字段；如果小于字段宽度时，按"回车"键或 Tab 键转向下一个字段。对于有小数的数值型字段，输入整数部分宽度等于所定义的整数部分宽度时，光标自动转向小数部分；如果小于定义的宽度，则按"!"键转到小数部分。输入记录的最后一个字段的值后，按"回车"键，光标自动定位到下一个记录的第一个字段。

② 日期型字段的两个"/"间隔符已在相应的位置标出，默认按美国日期格式 mm/dd/yy 输入日期即可。如果输入非法日期，则系统会提示出错信息。

③ 逻辑型字段只能接受 T、Y、F、N 这 4 个字母之一（不论大小写皆可）。T 与 Y 同义，若输入 Y 也显示 T（表示"真"）；同样 F 与 N 同义，若输入 N 也显示 F（表示"假"）。如果用户在此字段中不输入值，则默认为 F。

【实验 4 - 4】输入备注型数据的操作。

（1）打开表文件。

（3）打开"显示"菜单，单击"浏览"命令，打开"浏览"窗口。

（4）双击备注型字段（memo 标志区），或按组合键 Ctrl + PageDown，打开备注型字段编辑窗口，即可输入或修改备注型数据，如图 4 - 7 所示。

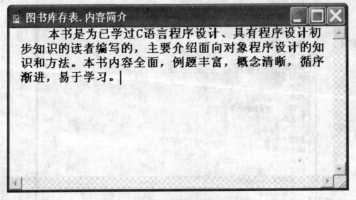

图 4 - 7　备注型字段编辑窗口

（5）输入完毕后，按 Ctrl + W 键，或单击备注型字段编辑窗口的"关闭"按钮，保存数据。

如果想放弃本次的输入或修改操作，则按 Esc 或 Ctrl + Q 键。

【要点提示】

①备注型字段通常用于存放超长文字。备注型字段中的文本可以利用"编辑"菜单中的命令进行剪切、复制、粘贴，还可以利用"格式"菜单的"字体"命令设置字

体、字体样式、字的大小等。

②备注型字段没有任何内容，则显示 memo 标志；如果输入了内容一，则显示 Memo 标志，第 1 个字母为大写。

【实验 4 - 5】通用型字段数据的输入。

（1）准备好需要的图片文件，存放在指定的目录中。

（2）打开表文件。

（3）打开"显示"菜单，单击"浏览"命令，打开"浏览"窗口。

（4）双击通用型字段（gen 标志区），或按组合键 Ctrl + PageDown，打开通用型字段编辑窗口，如图 4 - 8 所示。

图 4 - 8　通用型字段编辑窗口

（5）打开"编辑"菜单，单击"插入对象"命令，打开"插入对象"对话框，如图 4 - 9 所示。

图 4 - 9　"插入对象"对话框

（6）选中"由文件创建"单选按钮，"插入对象"对话框变成如图 4 - 10 所示。

（7）单击"浏览"按钮，在存放图片文件的目录中选择相应的图形文件，如选择 .bmp 类型的文件。

（8）单击"确定"按钮。即可在通用字段的编辑窗口中看到插入的图片文件，如图 4 - 11 所示。

（9）输入完毕后，按 Ctrl + W 键，或单击通用字段编辑窗口的"关闭"按钮，保

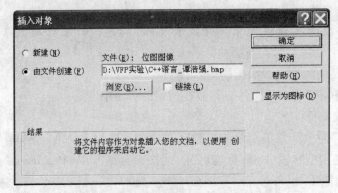

图4-10 "插入对象"对话框

图4-11 插入图片的通用字段

存数据。

【要点提示】

①操作步骤（6）中，如果选择"新建"选项，然后选择新建的对象类型，如"位图图像"，则可以画一个图形，存放在该通用字段中。

②通用型字段的操作涉及 Windows 链接和嵌入两个概念。嵌入是指将 OLE 对象复制到表文件中。链接是指将 OLE 对象存放的地址插入表文件，每次显示时，需要按地址去访问。

③如果通用型字段没有任何内容，显示 gen 标志；如果输入了内容，则显示第 1 个字母为大写的 Gen 标志。

【实验4-6】使用菜单方式打开表的操作。

（1）打开"文件"菜单，单击"打开"命令，弹出"打开"对话框。

（2）在"打开"对话框中，选择需要打开的表文件名 图书库存表 .dbf，选中"独占"单选按钮，如图 4-12 所示。

（3）单击"确定"按钮，打开选定的表。

（4）打开"显示"菜单，单击"浏览"命令，打开浏览显示窗口浏览数据。

（5）退出"浏览"窗口，关闭表。

【要点提示】

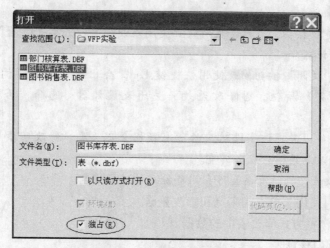

图 4-12　以"独占"方式打开表

选中"独占"单选按钮表示以"独占"方式打开表，打开的表可读可写；选中"以只读方式"单选按钮表示以"共享"方式打开表，打开的表只能读，不能修改。默认方式为"独占"。

【实验4-7】使用菜单方式关闭表的操作。

（1）打开"文件"菜单，单击"退出"命令，

（2）或单击程序窗口的"关闭"按钮，即可通过退出 Visual FoxPro 系统来关闭表。

【要点提示】

下面两种命令任选用其一也可关闭表，读者学习了数据库相关概念后可再行练习。

① CLOSE TABLES　　&& 关闭当前数据库中所有打开的表。

② CLOSE TABLES ALL　　&& 关闭所有数据库中所有打开的表及自由表。

【实验4-8】使用菜单方式修改表的结构。

（1）打开表文件。

（2）打开"显示"菜单，单击"表设计器"命令，弹出"表设计器"对话框。

（3）对当前表的结构进行修改。

（4）修改表结构后，单击"确定"按钮，或按 Ctrl + W 键，弹出"结构更改为永久性更改?"的提示信息对话框，如图4-13所示。

（5）单击"是"或"否"按钮，对所做的修改进行确认或取消。

图 4-13　结构修改提示信息对话框

【要点提示】

① 单击"是"按钮，表示修改有效且关闭表设计器；若单击"否"按钮，则修改无效并关闭表设计器。

② 若单击"关闭"按钮，或使用快捷键 Esc，会出现"放弃结构更改?"提示信息。如果单击"是"按钮，则修改无效并关闭表设计器；选择"否"，则可继续修改表。

③删除一个字段时，该字段对应的所有数据全部丢失。修改字段属性时，可能引起数据丢失，修改表结构时应当慎重。

④ 如果修改表结构时有误，可利用备份文件进行恢复。

【实验 4 - 9】使用菜单方式浏览和修改数据。

方法 1：用浏览方式修改表中的数据。

（1）打开部门核算表。

（2）打开"显示"菜单，单击"浏览"命令，打开浏览显示窗口。如图 4 - 14 所示。

书目编号	书名	作者	出版社	附光盘否	内容简介	封面	单价	数量	金额	盘点日期
A001	C++面向对象程序设计	谭浩强	清华大学出版社	F	Memo	Gen	26.00	5000	0.00	08/10/06
A101	Visual FoxPro程序设计	张艳诊	电子科技大学出版社	F	Memo	Gen	26.00	2000	0.00	08/09/06
A102	Visual FoxPro程序设计基础	卢湘鸿	清华大学出版社	F	Memo	gen	30.00	3800	0.00	08/10/06
A103	Visual FoxPro应用教程	匡松	电子科技大学出版社	F	Memo	gen	28.00	1800	0.00	08/10/06
A201	Visual Basic程序设计	唐大仕	清华大学出版社	F	memo	Gen	29.00	6000	0.00	08/10/06
B003	计算机应用教程	卢湘鸿	清华大学出版社	F	Memo	Gen	36.00	2600	0.00	08/09/06
C001	计算机网络	谢希仁	电子工业出版社	T	Memo	Gen	35.00	100	0.00	08/08/06
B001	计算机基础及应用教程	匡松	机械工业出版社	F	Memo	Gen	35.00	2600	0.00	08/09/06

图 4 - 14 "浏览"方式

（3）在表的"浏览"窗口，将鼠标移到需要修改的记录的相应字段上，进行修改。

（4）在表的"浏览"窗口，可以使用鼠标调整"浏览"窗口的大小，同时还可以调整表中字段的显示顺序和显示的宽度。

（5）退出"浏览"窗口，完成修改操作。

方法 2：用编辑方式修改表的数据。

（1）打开部门核算表。

（2）打开"显示"菜单，单击"编辑"命令，进入表的"编辑"窗口，如图 4 - 15 所示。

（3）用鼠标移动"编辑"窗口右侧的滚动条，找到需要修改的记录，并将光标定位到相应字段上，进行修改。

（4）退出"编辑"窗口，完成修改操作。

【实验 4 - 10】使用菜单方式逻辑删除数据表中的记录。

特别提示：首先在 Windows 环境下将相关数据表备份，如果表中含有备注型字段，应该同时复制其相关的备注文件。实验完成后再恢复数据，以便后续操作。

方法 1：用鼠标点击逻辑删除一条记录（加上删除标记）。

（1）打开图书销售表。

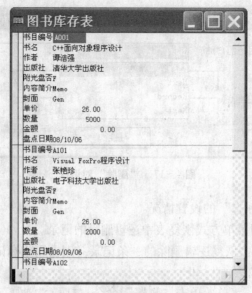

图 4 – 15　"编辑"窗口修改记录

（2）打开"显示"菜单，单击"浏览"命令，打开"浏览"窗口。

（3）单击需要被逻辑删除的记录前的白色小框，使该框变为黑色，表示逻辑删除，如图 4 – 16 所示。

书目编号	书名	作者	出版社	附光盘否	内容简介	封面	单价	数量	金额	盘点日期
A001	C++面向对象程序设计	谭浩强	清华大学出版社	F	Memo	Gen	26.00	5000	0.00	08/10/06
A101	Visual FoxPro程序设计	张艳珍	电子科技大学出版社	F	Memo	Gen	26.00	2000	0.00	08/09/06
A102	Visual FoxPro程序设计基础	卢湘鸿	清华大学出版社	F	Memo	gen	30.00	3800	0.00	08/10/06
A103	Visual FoxPro应用教程	匡松	电子科技大学出版社	F	Memo	gen	28.00	1800	0.00	08/10/06
A201	Visual Basic程序设计	唐大仕	清华大学出版社	F	memo	gen	29.00	6000	0.00	08/10/06
B003	计算机应用教程	卢湘鸿	清华大学出版社	F	Memo	gen	36.00	2600	0.00	08/09/06
C001	计算机网络	谢希仁	电子工业出版社	T	Memo	Gen	35.00	100	0.00	08/06/06
B001	计算机基础及应用教程	匡松	机械工业出版社	F	Memo	Gen	35.00	2600	0.00	08/09/06

图 4 – 16　逻辑删除

（4）多次重复操作，可以逻辑删除多条记录。

（5）观察"删除标志"的设置情况。

方法 2：一次性逻辑删除多条记录。

（1）打开图书销售表。

（2）打开"显示"菜单，单击"浏览"命令，打开"浏览"窗口。

（3）打开"表"菜单，单击"删除记录…"命令，打开"删除"对话框，如图 4 – 17 所示。

（4）在"作用范围"中设定删除记录的范围，在"FOR"或"WHILE"中设定删除条件。

（5）单击"删除"按钮，即可删除所选择的记录。

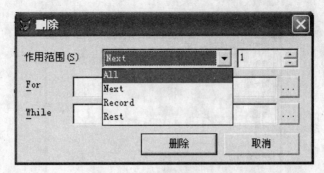

图4-17 "删除"对话框

（6）观察"删除标志"的设置情况。

【实验4-11】使用菜单方式恢复表中逻辑删除的记录。

方法1：用鼠标点击恢复逻辑删除的一条记录（删去删除标记）。

（1）打开图书销售表。

（2）打开"显示"菜单，单击"浏览"命令，打开"浏览"窗口。

（3）用鼠标单击该记录上的删除标记处，使该框变为白色，即可取消其删除标记，实现恢复。

（4）多次重复操作，可以恢复多条逻辑删除的记录。

（5）观察"删除标志"的恢复情况。

方法2：一次性恢复多条逻辑删除的记录。

（1）打开图书销售表。

（2）打开"显示"菜单，单击"浏览"命令，打开"浏览"窗口。

（3）打开"表"菜单，单击"恢复记录…"命令，打开"恢复"对话框。

（4）在"作用范围"中设定删除记录的范围，在"FOR"或"WHILE"中设定删除条件，如图4-18所示。

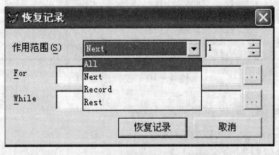

图4-18 "恢复记录"对话框

（5）单击"恢复记录"按钮，即可删除所选择的记录。

（6）观察"删除标志"的恢复情况。

【实验4-12】用菜单方式物理删除表中的记录。

（1）打开图书销售表。

（2）打开"显示"菜单，单击"浏览"命令，打开"浏览"窗口。

（3）打开"表"菜单，单击"彻底删除"命令，打开提示信息对话框，如图

4-19 所示。

図4-19　"删除"提示信息对话框

（4）单击"是"按钮，即可将逻辑删除的记录进行物理删除。

5 索引和数据库操作

5.1 习题

一、选择题

1. 在 Visual FoxPro 中，建立数据库表时，将年龄字段值限制在 15～40 岁之间的这种约束属于_____。

A）域完整性约束   B）实体完整性约束

C）参照完整性约束   D）视图完整性约束

2. 在 Visual FoxPro 中的参照完整性规则不包括_____。

A）更新规则   B）查询规则   C）删除规则   D）插入规则

3. 数据库表可以设置字段有效性规则，其中的"规则"是一个_____。

A）日期表达式   B）字符表达式   C）逻辑表达式   D）数值表达式

4. 通过指定字段的数据类型和宽度来限制该字段的取值范围，这属于数据完整性中的_____。

A）字段完整性   B）域完整性   C）实体完整性   D）参照完整性

5. 如果指定参照完整性的删除规则为"级联"，则当删除父表中的记录时_____。

A）系统自动备份父表中被删除记录到一个新表中

B）若子表中有相关记录，则禁止删除父表中记录

C）会自动删除子表中所有相关记录

D）不作参照完整性检查，删除父表记录与子表无关

6. 设有两个数据库表，父表和子表之间是一对多的联系，为控制子表和父表的关联，可以设置"参照完整性规则"，为此要求这两个表_____。

A）在父表连接字段上建立普通索引，在子表连接字段上建立主索引

B）在父表连接字段上建立主索引，在子表连接字段上建立普通索引

C）在父表连接字段上不需要建立任何索引，在子表连接字段上建立普通索引

D）在父表和子表的连接字段上都要建立主索引

7. Visual FoxPro 的"参照完整性"中"插入规则"包括的选择是_____。

A）级联和忽略   B）级联和删除   C）限制和忽略   D）限制和删除

8. 如果一个数据表中只能创建一个索引，它应该是_____。

A）普通索引 　　　　B）唯一索引 　　　　C）主索引 　　　　D）候选索引

9. 当父表的索引字段类型是主索引，子表的索引字段类型是普通索引时，两个数据表间建立的永久关系是_____。

A）一对一 　　　　B）一对多 　　　　C）多对一 　　　　D）多对多

10. 以下关于主索引和候选索引的叙述正确的是_____。

A）主索引和候选索引都可以建立在数据库表和自由表上

B）主索引和候选索引都能保证表记录的唯一性

C）主索引可以保证表记录的唯一性，而候选索引不能

D）主索引和候选索引是相同的概念

二、填空题

1. 在 Visual FoxPro 中建立数据库文件时，其数据库文件的扩展名是_____，同时会自动建立一个扩展名为_____的数据库备注文件和一个扩展名为_____的数据库索引文件。

2. 在 Visual FoxPro 中，_____规则包括更新规则、删除规则和插入规则。

3. 使用数据库设计器为两个表建立联系，首先应在父表中建立_____索引，在子表中建立_____。

4. 在定义字段有效性规则时，在规则框中输入的表达式类型是_____。

5. 数据库表和自由表中，_____既可以在数据库设计器中新建，也可以是把自由表添加到数据库中得到。

6. 在 Visual FoxPro 中建立索引时，有多种索引类型，其中_____类型的字段取值必须是唯一的。

7. 一个表文件建立索引时，有多种索引类型，可以为一个表建立_____候选索引。

8. 一个表文件建立索引的依据是_____。

5.2 实验

一、实验目的

1. 掌握在 Visual FoxPro 中创建数据库和数据库表的方法。

2. 掌握数据字典的编辑方法。

3. 掌握在表设计器中建立索引的操作方法。

4. 掌握建立数据库表之间的永久关系的方法与建立参照完整性的操作方法。

二、实验内容

本章所有的文件，均保存在"D：\ VFP 实验"子文件夹下。设置默认保存文件的路径的操作方法为：

（1）打开"工具"菜单，单击"选项"命令，打开"选项"对话框，单击"文件位置"选项卡，如图 5 - 1 所示。

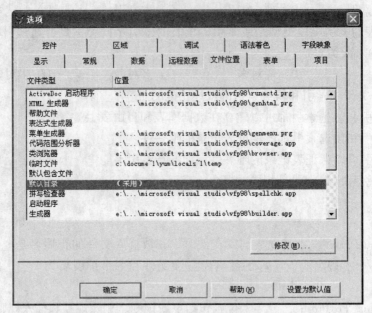

图 5-1 "选项"对话框

（2）在"选项"对话框中，选中"默认目录"，然后单击"修改"按钮，打开"更改文件位置"对话框，如图 5-2 所示。

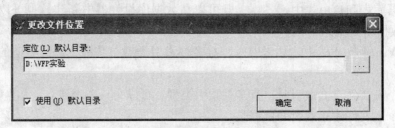

图 5-2 "更改文件位置"对话框

（3）选中"使用默认目录"复选框按钮，在"定位默认目录"下的文本框中输入"D：\ VFP 实验"，单击"确定"按钮，返回"选项"对话框。

（4）单击"设置为默认值"，最后单击"确定"按钮。

【实验 5-1】新建一个图书销售数据库 .doc。

方法 1：

（1）打开"文件"菜单，单击"新建"命令，打开"新建"对话框，如图 5-3所示。

（2）在"新建"对话框中，选中"数据库"单选按钮。

（3）单击"新建文件"按钮，打开"创建"对话框，在"数据库名"文本框中输入数据库名"图书销售数据库"，如图 5-4 所示。

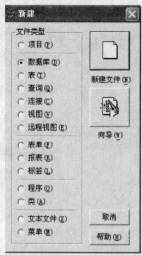

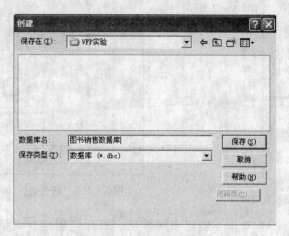

图5-3 "新建"对话框   图5-4 "创建"对话框

（4）单击"保存"按钮，打开"数据库设计器"窗口，如图5-5所示。至此，新建数据库的工作已经完成。

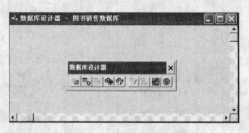

图5-5 数据库设计器

方法2：

（1）单击"常用"工具栏上的"新建"按钮，打开"新建"对话框，如图5-3所示。

（2）后续步骤与方法1中的第（2）～（4）步相同。

【实验5-2】在"图书销售数据库.doc"新建一个数据库表：销售.dbf。

方法1：

（1）打开"图书销售数据库.doc"，如图5-6所示。

图5-6 图书销售数据库.doc

（2）单击"数据库设计器"工具栏中的"新建表"按钮 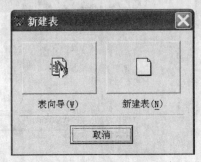，打开"新建表"对话框，如图5-7所示。

图5-7　"新建表"对话框

（3）单击"新建表"按钮，打开"创建"对话框，在"创建"对话框"输入表名"文本框中输入"销售.dbf"，如图5-8所示。

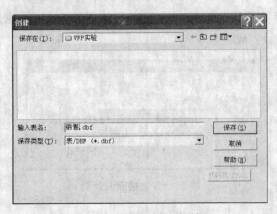

图5-8　"创建"对话框

（4）单击"保存"按钮，打开"表设计器"对话框，如图5-9所示。

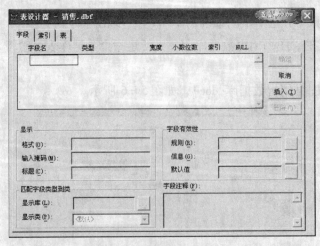

图5-9　表设计器

（5）在表设计器中设置每个字段的定义。

（6）单击"表设计器"对话框中的"确定"按钮。

（7）根据提示"现在输入数据记录吗"，决定是否立即输入数据。数据库表建好以后的数据库设计器如图 5-10 所示。

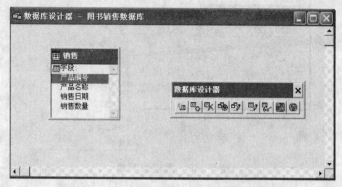

图 5-10 包含数据库表的数据库设计器

（8）单击"数据库设计器"右上角的"关闭"按钮 ✕，关闭"数据库设计器"窗口。

方法 2：

（1）在数据库设计器窗口中，单击鼠标右键，弹出快捷菜单，如图 5-11 所示。

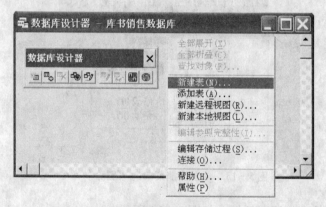

图 5-11 数据库设计器窗口的快捷菜单

（2）在快捷菜单中选择"新建表"命令，打开"新建表"对话框。

（3）后续步骤与方法 1 中的第（3）～（8）相同。

方法 3：

（1）打开"数据库"菜单，如图 5-12 所示。

（2）选择"新建表"命令，打开"新建表"对话框。

（3）后续步骤与方法 1 中的第（3）～（8）相同。

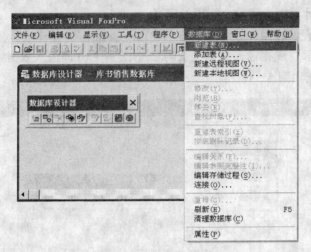

图 5 - 12　数据库菜单

【实验 5 - 3】将数据库表"销售 .dbf"从数据库中移除，使其变成自由表。

（1）打开"图书销售数据库 .doc"数据库设计器。

（2）右键单击"销售"数据库表，弹出快捷菜单，单击"删除"命令，如图
5 - 13 所示。

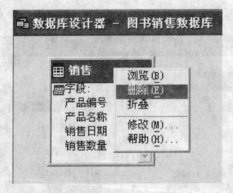

图 5 - 13　单击快捷菜单的"删除"命令

（3）VFP 系统会打开对话框，如图 5 - 14 所示。

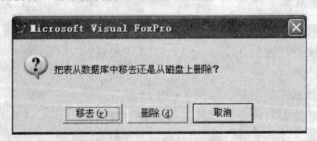

图 5 - 14　"移去表"提示对话框

（4）单击"移去"按钮，VFP 系统会打开对话框，如图 5 - 15 所示。

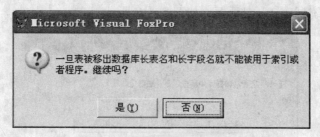

图 5 – 15　VFP 提示对话框

（5）单击"是"按钮，可将选中的数据库表从当前数据库中移出，使其成为自由表。

【要点提示】

除了选择"快捷菜单"中的"删除"命令，还可以打开"数据库"菜单，选择"移去"命令，或者单击"数据库工具栏"上的"移去"按钮，都可以完成将数据库表从数据库中移出的操作。

【实验 5 – 4】将数据库表从数据库中删除。

（1）打开"图书销售数据库"数据库设计器，重新把"销售 .dbf"表添加到数据库中，选中该数据库表，如图 5 – 16 所示。

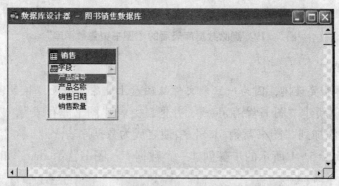

图 5 – 16　选择"销售 .dbf"数据库表

（2）右键单击"销售"，弹出快捷菜单，单击"删除"命令，如图 5 – 17 所示。

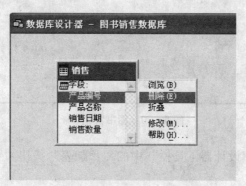

图 5 – 17　单击快捷菜单的"删除"命令

（3）VFP 系统自动打开对话框，如图 5 - 18 所示。

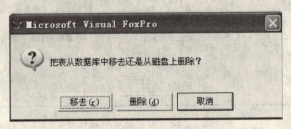

图 5 - 18　"删除表"提示对话框

（4）单击"删除"按钮，VFP 系统立即将"销售.dbf"数据库表从磁盘上删除了，如图 5 - 19 所示。

图 5 - 19　删除数据库表后的"图书销售数据库"

【要点提示】

删除数据库表要谨慎，因为一旦表文件从磁盘上删除，将无法恢复。

【实验 5 - 5】新建"图书营销.doc"，并把自由表"图书库存表"、"图书销售表"、"部门核算表"添加到"图书营销.doc"中使之成为数据库表。

（1）按照实验 5 - 1 所示的步骤创建一个数据库：图书营销.doc，如图 5 - 20 所示。

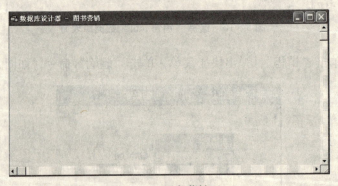

图 5 - 20　图书营销.doc

（2）单击"数据库设计器工具栏"中的"添加表"按钮""，如图 5 - 21 所示。

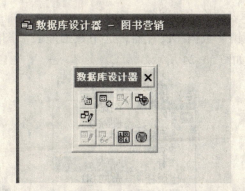

图 5-21　单击"数据库工具栏"的"添加表"按钮

（3）打开"打开"对话框，选中要添加到数据库中的自由表"图书库存表"，如图 5-22 所示。

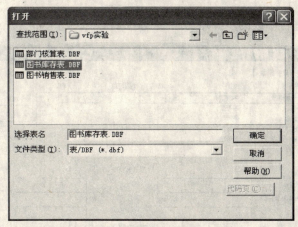

图 5-22　"打开"对话框

（4）单击"确定"按钮，"图书库存表"添加到数据库中成为了数据库表。

（5）重复操作步骤（1）~（4），分别将自由表"图书销售表.DBF"和"部门核算表.DBF"添加到数据库中，如图 5-23 所示。

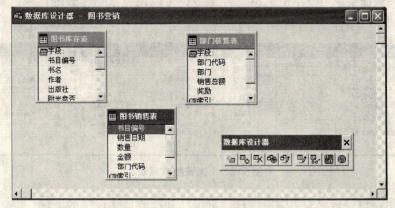

图 5-23　添加表后的数据库设计器

【实验5-6】数据库表的修改和浏览。

（1）打开"图书营销"数据库设计器，选中数据库表"图书库存表"，单击鼠标右键，弹出的快捷菜单如图5-24所示。

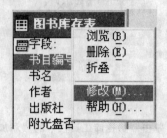

图5-24　数据库表的快捷菜单

（2）在快捷菜单中，单击"修改"命令，系统将打开"表设计器"，如图5-25所示。

（对表的结构进行修改的步骤略。）

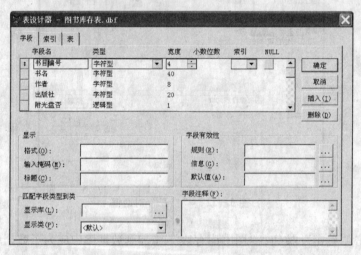

图5-25　数据库表的表设计器

（3）在快捷菜单中，单击"浏览"命令，可以浏览数据库表的记录，如图5-26所示。

图5-26　浏览数据库表

【实验5-7】对数据库表字段进行"显示"和"字段注释"的设置。

（1）准备好和数据库表字段相关的显示和字段注释的设置参数，如表5-1所示。

表 5-1　图书销售表字段的标题、输入掩码、格式、默认值、字段注释参数示例

字段名	标题	输入掩码	格式	默认值	字段注释
书目编号		X999			书目编号规则：X999，X 是分类号，999 是编号
销售日期					
数量	销售数量	9999	9999		
金额					
部门代码				'01'	

（2）打开"图书营销"数据库设计器，选择数据库表"图书销售表"，单击鼠标右键，在弹出的快捷菜单中单击"修改"命令，打开"图书销售表"的表设计器。

（3）选择表中一个字段"书目编号"，在表设计器窗口的下面界面输入表 5-1 中相应的数据，如图 5-27 所示。

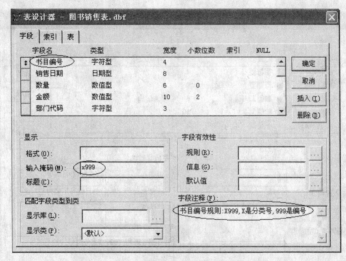

图 5-27　对数据库表进行字段的设置

（4）重复第（3）步操作，设置各字段的相关参数，如图 5-28 和图 5-29 所示。

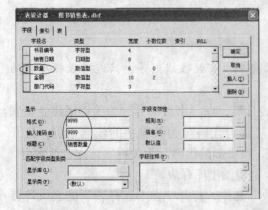

图 5-28　设置字段的输入、输入掩码及标题

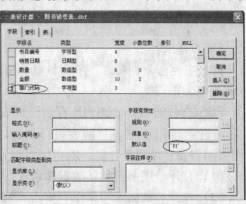

图 5-29　设置字段的默认值

（5）单击"确定"按钮，保存设置。

【实验5-8】设置数据库表字段的"字段有效性"规则。

（1）准备好要设置的数据库表的"字段有效性"规则，如表5-2所示。

表5-2　　　　　　　　图书销售表字段的"字段有效性"规则示例

字段名	字段有效性规则	信息
书目编号	！EMPTY（书目编号）	书目编号不能为空

（2）打开"图书营销"数据库设计器，选择"图书销售表"，

（3）打开"数据库"菜单，单击"修改"命令，打开"图书销售表"的表设计器窗口。

（4）选择"书目编号"字段，在字段有效性"规则"右边的"文本框"中输入：！empty（书目编号），在字段有效性"信息"右边的"文本框"中输入"书目编号不能为空"，如图5-30所示。

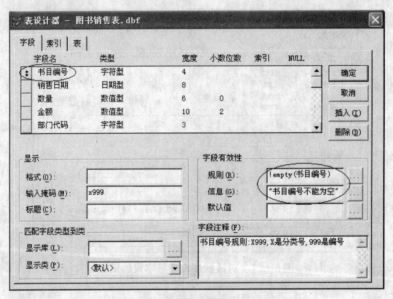

图5-30　设置字段有效性规则

（5）单击"确定"按钮，保存设置。

【要点提示】

数据字典包含长表名、字段标题、输入掩码、有效性规则等，只能对数据库表的字段进行设置。

【实验5-9】打开"图书库存表"的表设计器，以"书目编号"为关键字建立主索引；打开"部门核算表"的表设计器，以"部门代码"为关键字的候选索引；打开"图书销售表"的表设计器，以"书目编号"和"部门代码"为关键字建立普通索引。

（1）打开"图书营销"数据库设计器，选中图书库存表。

（2）打开"数据库"菜单，单击"修改"命令，打开"图书库存表"的表设计器对话框。

（3）单击"索引"下面的下拉按钮，选择"升序"，如图 5-31 所示。

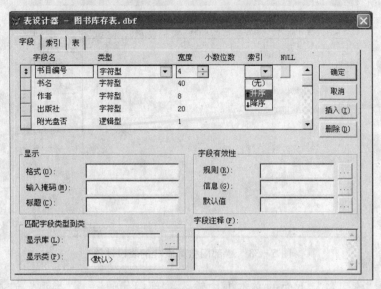

图 5-31　在表设计器中建立索引

（4）单击"索引"选项卡，单击"类型"下面的下拉按钮，选择"主索引"，如图 5-32 所示。

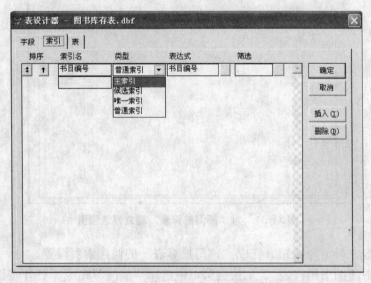

图 5-32　在表设计器中设置主索引

（5）单击"确定"按钮，完成"图书库存表"的主索引设置。

（6）选中"部门核算表"，从快捷菜单中选择"修改"命令，打开"部门核算表"的表设计器对话框，单击"索引"选项卡，如图 5-33 所示。

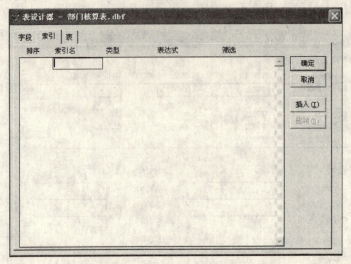

图 5-33 "部门核算表"的表设计器

（7）在"索引名"下面的文本框中输入"部门代码"，"类型"选择"候选索引"，"表达式"下面的文本框中输入"部门代码"，如图 5-34 所示。

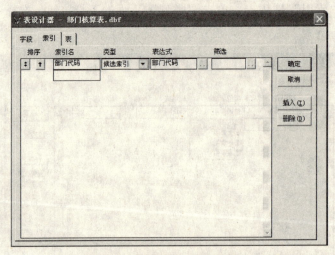

图 5-34 为"部门核算表"建立候选索引

（8）单击"确定"按钮，完成"部门核算表"的候选索引设置。

（9）选中"图书销售表"，从快捷菜单中选择"修改"命令，打开"图书销售表"的表设计器对话框，分别选中"书目编号"和"部门代码"，建立普通索引，如图 5-35 所示。

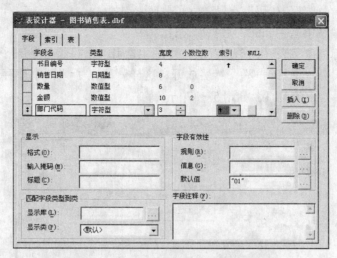

图 5-35　为"图书销售表"建立候选索引

（10）单击"确定"按钮，完成"图书销售表"的普通索引设置。

（11）此时"图书营销.dbc"数据库中的数据库表文件如图 5-36 所示。

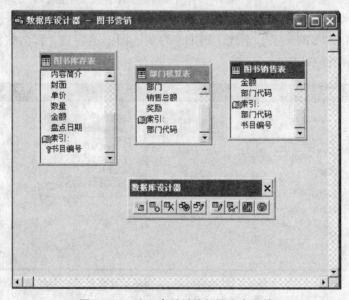

图 5-36　建立索引后的数据库表文件

【要点提示】

当索引名与索引表达式就是字段名时，可在"字段"选项卡中快速建立普通索引。

【实验 5-10】在"图书营销.dbc"数据库中，建立图书库存表、图书销售表、部门核算表之间的永久关系。

（1）确立"图书库存表"（父表）和"图书销售表"（子表）之间一对多的关系，其中"图书库存表"已经在"书目编号"字段建立了主索引；"图书销售表"在"书目编号"字段建立了普通索引。确立"部门核算表"（父表）和"图书销售表"（子表）之间一对多的关系，其中"部门核算表"在"部门代码"字段建立了候选索引；

"图书销售表"在"部门代码"字段建立了普通索引。

（2）打开"图书营销.dbc"数据库设计器。

（3）用鼠标拖曳父表（图书库存表）中的主索引"书目编号"到子表（图书销售表）中的普通索引"书目编号"，然后放开，这样就建立了"图书库存表"和"图书销售表"之间一对多的关系，如图5－37所示。

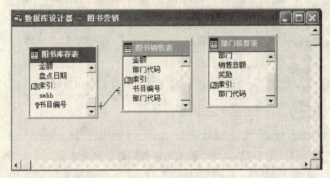

图5－37 "图书库存表"和"图书销售表"之间一对多的永久关系

（4）用鼠标拖曳父表（部门核算表）中的候选索引"部门代码"到子表（图书销售）中的普通索引"部门代码"，然后放开，这样就建立了"部门核算表"和"图书销售表"之间一对多的关系。至此，图书库存表、图书销售表、部门核算表之间建立的永久关系如图5－38所示。

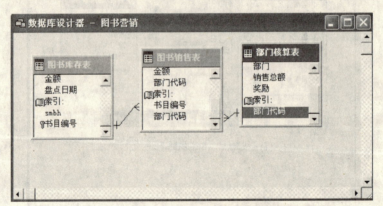

图5－38 数据库表之间的永久关系

【要点提示】

数据库表之间建立永久关系的条件是两个表之间有相同的字段（指字段类型和宽度相同，字段名可以不同），并且父表的关键字段应该建立主索引或候选索引，子表的关键字段可以为其他类型的索引。

【实验5－11】建立图书库存表、图书销售表、部门核算表之间的参照完整性。

方法1：

（1）打开"图书营销.dbc"数据库设计器，打开"数据库"菜单，如图5－39所示。

图 5-39 "数据库"菜单

（2）单击"清理数据库"命令，清理数据库。

（3）打开"数据库"菜单，单击"编辑参照完整性"命令，打开"参照完整性生成器"对话框，如图 5-40 所示。

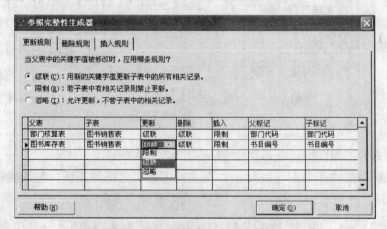

图 5-40 设置表间参照完整性

（4）设置参照完整性。例如，父表"部门核算表"与子表"图书销售表"的"更新规则"设置为"级联"，"删除规则"设置为"级联"，"插入规则"设置为"限制"。父表"图书库存表"与子表"图书销售表"的"更新规则"设置为"级联"，"删除规则"设置为"级联"，"插入规则"设置为"限制"。

（5）单击"确定"按钮，保存设置。

方法2：

（1）清理数据库。

（2）鼠标单击"图书库存表"和"图书销售表"之间的连线，连线变粗，右键单击连线，弹出快捷菜单，单击"编辑参照完整性"命令，如图 5-41 所示。

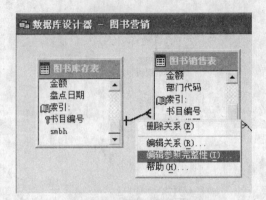

图 5-41 在快捷菜单中选择"编辑参照性"命令

（3）打开"参照完整性生成器"对话框（如图 5-42 所示），可对"更新规则"、"删除规则"和"插入规则"进行设置。

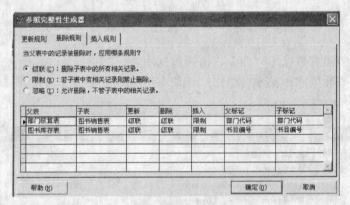

图 5-42 "参照完整性生成器"对话框

方法 3：

（1）清理数据库。

（2）鼠标单击"图书库存表"和"图书销售表"之间的连线，连线变粗，右键单击连线，弹出快捷菜单，单击"编辑关系"命令，如图 5-43 所示。

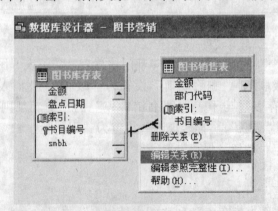

图 5-43 在快捷菜单中选择"编辑关系"命令

(3）打开"编辑关系"对话框（如图5-44所示），可对关系进行修改。

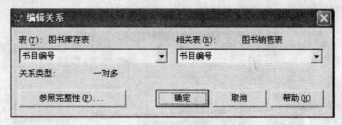

图5-44　"编辑关系"对话框

（4）单击"参照完整性"按钮，打开"参照完整性生成器"对话框（如图5-45所示），可进行表间参照完整性的设置。

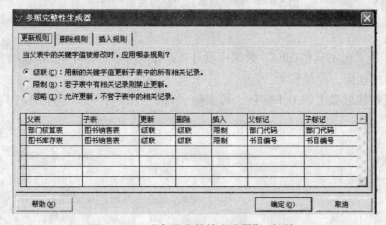

图5-45　"参照完整性生成器"对话框

【要点提示】

参照完整性是指数据库中的相关表之间的一种数据完整性约束规则，分为更新、插入、删除规则。

【实验5-10】删除数据库表之间建立永久关系。

方法1：

（1）打开"图书营销.dbc"数据库设计器，鼠标单击"图书库存表"和"图书销售表"之间的连线，连线变粗，如图5-46所示。

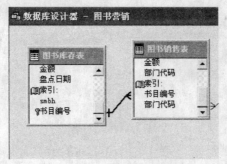

图5-46　永久关系连线变粗

（2）鼠标右键单击连线，弹出快捷菜单，单击"删除关系"命令，如图 5 – 47 所示，删除"图书库存表"和"图书销售表"之间的永久关系。

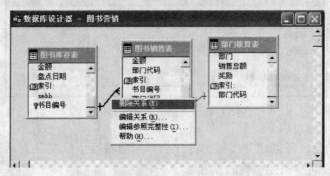

图 5 – 47　快捷菜单的"删除关系"命令

方法 2：

（1）打开"图书营销 .dbc"数据库设计器，鼠标单击"部门核算表"和"图书销售表"之间的连线，连线变粗。

（2）直接按键盘上的 Delete 键，可删除"部门核算表"和"图书销售表"之间的永久关系。

6 视图与查询

6.1 习题

一、选择题

1. 查询设计器默认的查询去向是_____。

A）浏览   B）临时表   C）屏幕   D）报表

2. 在 Visual FoxPro 中，关于视图的正确叙述是_____。

A）在视图上不能进行更新操作

B）视图是从一个或多个数据库表导出的虚拟表

C）视图不能同数据库表进行连接操作

D）视图与数据库表相同，用来存储数据

3. 在 Visual FoxPro 中，以下叙述正确的是_____。

A）利用视图可以修改数据   B）利用查询可以修改数据

C）查询和视图具有相同的作用   D）视图可以定义输出去向

4. 视图设计器和查询设计器的界面很相像，它们的工具栏也基本一样，其中可以在查询设计器中使用而在视图设计器中没有的是_____。

A）查询条件   B）查询去向   C）查询目标   D）查询字段

5. 下列关于视图的说法中不正确的是_____。

A）视图中的数据可以从表或者其他视图中抽取

B）视图建立之后，可以脱离数据库单独使用

C）视图兼有表和查询的特点

D）视图可分为本地视图和远程视图

6. 下列不是视图优点的是_____。

A）视图可提高查询速度

B）视图可提高更新速度

C）视图减少了用户对数据库物理结构的依赖

D）视图提高了数据库应用的灵活性

7. 在查询设计器的"查询去向"设置中，不能实现的输出是_____。

A）表   B）报表   C）图形   D）视图

8. 在查询设计器的"查询去向"设置中选择"临时表"，意味着_____建立临时表。

　　A）在"桌面"上　　　　　　　　B）在默认的文件夹下

　　C）在内存中　　　　　　　　　　D）在特定的文件夹下

二、填空题

1. 在视图和查询中，利用_____可以修改数据，利用_____可以定义输出去向，但不能修改数据。

2. 查询的设置是以扩展名为_____的查询文件来保存的。

3. 视图的定义保存在_____中。

4. 视图包括本地视图和_____。

5. 通过查询设计器中的_____选项卡可以设定条件，从而实现多表查询。

6. 在 Visual FoxPro 中，查询的数据可以来自于临时表、数据库表和_____。

7. 创建视图时，数据库必须是_____状态。

8. 查询设计器中的"字段"选项卡，可以控制查询显示结果中的_____，并且可以通过 AS 子句来改变显示结果中的显示标题。

9. 视图不仅具有查询功能，还具有_____功能，并可以通过发送 SQL 更新，将其结果传送给源表。

10. 视图设计器中更新条件选项卡中"铅笔"符号列的"√"表示该行的字段为_____。

6.2　实验

一、实验目的

1. 掌握查询与视图的概念与用法。

2. 熟悉并掌握建立查询与视图的方法。

二、实验内容

【实验说明】

本章的所有实验，均要设置保存文件的路径为："D：\ VFP 实验"，具体设置过程参见第五章。如果当前文件夹已经在该路径下，可以不用再设置。

【实验 6 - 1】利用"图书营销 .dbc"数据库创建视图"图书销售"，该视图包括"图书库存表 . 书目编号"、"图书库存表 . 书名"、"图书销售表 . 销售日期"、"图书销售表 . 数量"、"图书销售表 . 金额"以及"部门核算表 . 部门"字段。记录满足条件"图书销售表 . 数量 >50"，并按"图书销售表 . 金额"的降序排列。

（1）在 VFP 的系统下，打开"图书营销 .dbc"数据库设计器窗口。

（2）单击"数据库设计器"工具栏上的"新建本地视图"按钮。

（3）打开"新建本地视图"对话框，如图 6 - 1 所示。

图 6-1　新建本地视图

（4）单击"新建视图"按钮，打开"视图设计器"窗口，同时打开"添加表或视图"对话框，如图 6-2 所示。

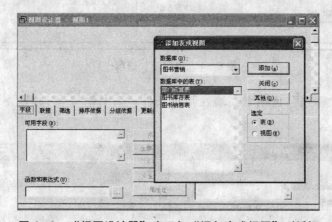

图 6-2　"视图设计器"窗口与"添加表或视图"对话框

（5）在"添加表或视图"对话框中，将"图书营销"数据库中的"图书库存表"、"图书销售表"和"部门核算表"添加到"视图设计器"窗口中。

（6）关闭"添加表或视图"对话框后的视图设计器窗口，如图 6-3 所示。

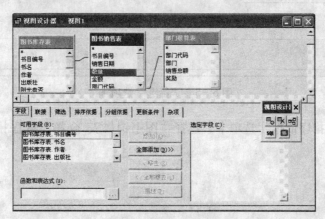

图 6-3　添加表以后的视图设计器

（7）单击"字段"选项卡，将"可用字段"列表框中的"图书库存表.书目编号"、"图书库存表.书名"、"图书销售表.销售日期"、"图书销售表.数量"、"图书销售表.金额"和"部门核算表.部门"添加到"选定字段"列表框中，如图6-4所示。

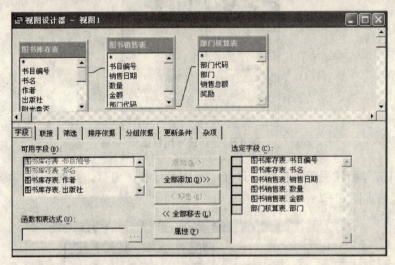

图6-4   "字段"选项卡

（8）单击"筛选"选项卡，输入筛选条件：图书销售表.数量＞50，如图6-5所示。

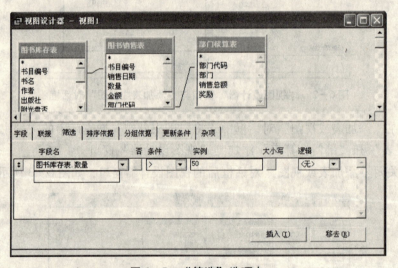

图6-5   "筛选"选项卡

（9）单击"排序依据"选项卡，选择"图书销售表.金额"降序排列，如图6-6所示。

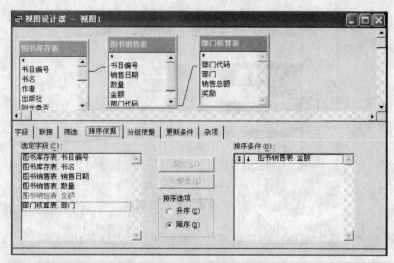

图6-6 "排序依据"选项卡

（10）打开"文件"菜单，单击"保存"命令，打开"保存"对话框，如图6-7所示。在"视图名称"下面的文本框中输入视图名称，本例为：图书销售。

图6-7 保存视图

（11）保存视图后的"图书营销.dbc"数据库文件，如图6-8所示。

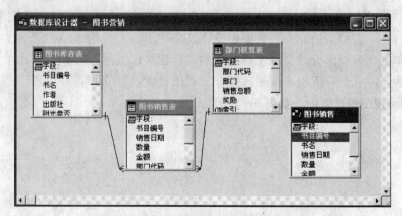

图6-8 保存视图后的"图书营销.dbc"

（12）选中视图"图书营销"，鼠标右键单击，弹出快捷菜单，如图6-9所示。

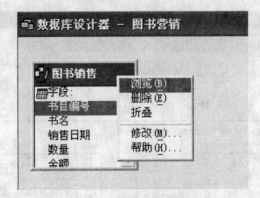

图6-9　"视图"的快捷菜单

（13）单击"浏览"命令，得到视图的浏览结果，如图6-10所示。

书目编号	书名	销售日期	数量	金额	部门
A102	Visual FoxPro程序设计基础	06/11/09	120	3600.00	第三小组
B001	计算机基础及应用教程	06/12/09	100	3500.00	第三小组
A102	Visual FoxPro程序设计基础	06/10/09	100	3000.00	第一小组
A201	Visual Basic程序设计	06/10/09	100	2900.00	第一小组
B003	计算机应用教程	06/12/09	80	2880.00	第一小组
B003	计算机应用教程	06/11/09	60	2160.00	第一小组
A102	Visual FoxPro程序设计基础	06/12/09	62	1860.00	第三小组

图6-10　视图浏览结果

【要点提示】

视图保存在数据库"图书营销 .dbc"中，视图的文件名是图书销售 .vue，如图6-8所示。

【实验6-2】创建一个图书查询视图，在使用时可输入作者查看相应的图书情况。

（1）打开"图书营销 .dbc"数据库设计器窗口。

（2）单击"数据库设计器"工具栏中的"新建本地视图"按钮，打开"新建本地视图"对话框，单击"新建"按钮，打开"视图设计器"窗口，并将表"图书库存表 .dbf"添加到视图设计器中，如图6-11所示。

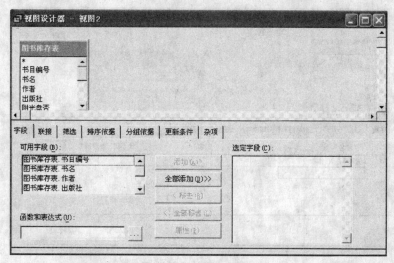

图 6-11　视图设计器窗口

(3) 单击"字段"选项卡,将"可用字段"中的全部字段添加到"选定字段"中,如图 6-12 所示。

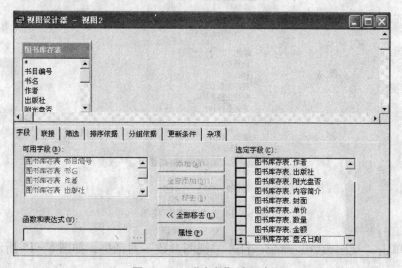

图 6-12　"字段"选项卡

(4) 单击"筛选"选项卡,输入表达式:图书库存表.作者 = ? 作者,如图 6-13 所示。

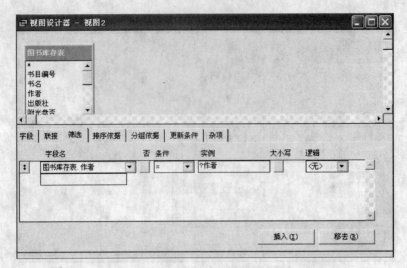

图 6-13 "筛选"选项卡

（5）打开"查询"菜单，如图 6-14 所示。

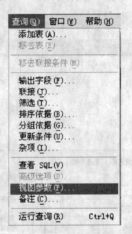

图 6-14 "查询"菜单

（6）单击"视图参数"命令，打开"视图参数"对话框，如图 6-15 所示。

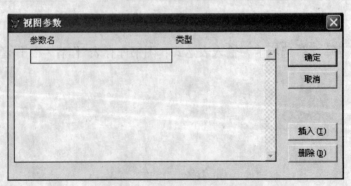

图 6-15 "视图参数"对话框

（7）在"参数名"下面的"文本框"中输入参数名：作者；在"类型"下拉列表框中选择"字符型"，如图6-16所示。

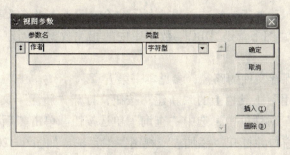

图6-16　设置"参数名"和"类型"

（8）单击"确定"按钮，返回视图设计器。以文件名"参数视图"保存该视图。

（9）在数据库设计器中选中"参数视图"，鼠标右键单击，弹出快捷菜单，如图6-17所示。

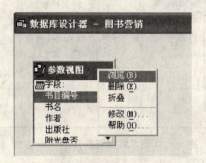

图6-17　参数视图的快捷菜单

（10）单击"浏览"命令，打开输入"视图参数"对话框，如图6-18所示，在对话框中输入作者：谭浩强。

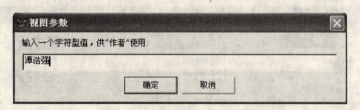

图6-18　"视图参数"的输入对话框

（11）单击"确定"按钮，屏幕显示作者"谭浩强"的图书查询结果，如图6-19所示。

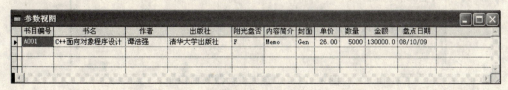

书目编号	书名	作者	出版社	附光盘否	内容简介	封面	单价	数量	金额	盘点日期
A001	C++面向对象程序设计	谭浩强	清华大学出版社	F	Memo	Gen	26.00	5000	130000.0	08/10/09

图6-19　带参数的视图查询结果

【要点提示】

设置参数视图,"筛选"选项卡的"实例"下面文本框中的"?"问号不可缺少,并且需要在"查询"菜单下选择"视图参数"命令来设置参数名及类型。

【实验6-3】以"图书营销.DBC"数据库中的相关数据,创建一名为"图书销售查询.QPR"的查询。

(1) 设置默认保存文件的路径,参见本书第五章。

(2) 单击"常用"工具栏上的"新建"按钮,打开"新建"文件对话框。

(3) 在"新建"对话框中,选中"查询"单选按钮。单击"新建文件"按钮,打开"查询设计器"窗口并打开"添加表或视图"对话框,如图6-20所示。

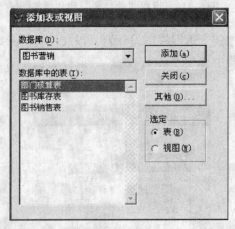

图6-20 "添加表或视图"对话框

(4) 在"添加表或视图"对话框中,将"图书营销"数据库中的"图书库存表"和"图书销售表"添加到"查询设计器"窗口。

(5) 关闭"添加表或视图"对话框后的查询设计器窗口,如图6-21所示。

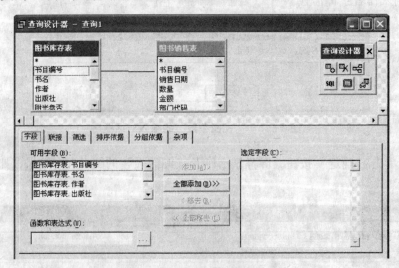

图6-21 "查询设计器"窗口

（6）选中"查询设计器"窗口的"字段"选项卡，将"可用字段"列表框中的"图书库存表.书目编号"、"图书库存表.书名"、"图书销售表.销售日期"、"图书销售表.数量"、"图书销售表.金额"字段添加到"选定字段"列表框中，结果如图6-22所示。

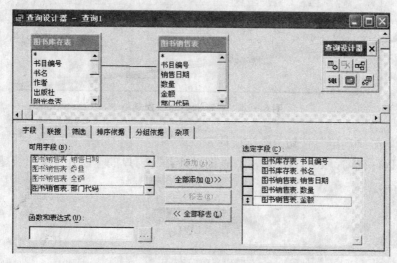

图6-22　"字段"选项卡的选定字段内容

（7）由于已建联接，不需要在"联接"选项卡中进行设置；否则，应按"图书库存表.书目编号＝图书销售表.书目编号"进行联接，类型为内部联接。

（8）在"筛选"选项卡中，输入筛选条件后可将满足条件的记录筛选出来。本例中不作筛选。

（9）查询设计完成后，打开"查询"菜单，如图6-23所示。

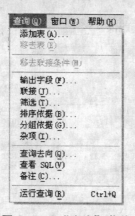

图6-23　"查询"菜单

（10）单击"查询去向"命令，打开"查询去向"对话框，如图6-24所示。其中包括了7个按钮，表示查询结果不同的输出类型。这里单击"浏览"按钮。

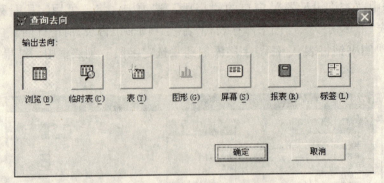

图 6-24 "查询去向"对话框

（11）单击"确定"按钮，查询设计完成。

（12）运行查询：鼠标右键单击"查询设计器"窗口的空白处，弹出快捷菜单，如图 6-25 所示。

图 6-25 快捷菜单

（13）单击"运行查询"命令，可得到如图 6-26 所示的查询结果。

书目编号	书名	数量	金额	销售日期
A103	Visual FoxPro应用教程	50	1400.00	06/10/09
A102	Visual FoxPro程序设计基础	100	3000.00	06/10/09
B001	计算机基础及应用教程	50	1750.00	06/10/09
C001	计算机网络	12	420.00	06/10/09
A103	Visual FoxPro应用教程	20	560.00	06/10/09
A201	Visual Basic程序设计	100	2900.00	06/10/09
A102	Visual FoxPro程序设计基础	120	3600.00	06/11/09
B001	计算机基础及应用教程	20	700.00	06/11/09
C001	计算机网络	30	1050.00	06/11/09
B003	计算机应用教程	60	2160.00	06/11/09
C001	计算机网络	10	350.00	06/11/09
A102	Visual FoxPro程序设计基础	62	1860.00	06/12/09
B001	计算机基础及应用教程	100	3500.00	06/12/09
A201	Visual Basic程序设计	20	580.00	06/12/09
B003	计算机应用教程	80	2880.00	06/12/09

图 6-26 "查询"结果窗口

（14）保存查询。按查询要求设置完成后，可以马上运行，也可以保存起来以后运行。关闭"查询设计器"窗口或按组合键 Ctrl + W 可以保存查询，将该查询设置保存在 D：\ VFP 实验 \ 图书销售查询 .QPR 文件中。保存查询文件的"另存为"对话框，如图 6-27 所示。

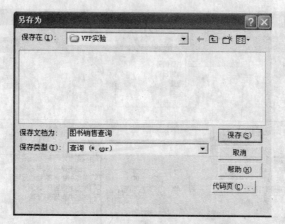

图 6 - 27　保存"图书销售查询"文件对话框

【实验 6 - 4】修改"图书销售查询.qpr"查询文件，添加"部门核算表"的"部门"字段，并按"部门"字段升序排列查询结果。

（1）打开查询文件：打开"文件"菜单，选中"打开"命令，弹出"打开"对话框，如图 6 - 28 所示。

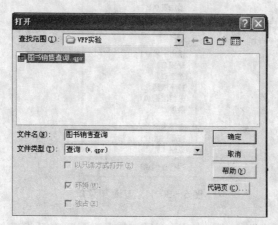

图 6 - 28　打开"图书销售查询"文件对话框

（2）检查"查找范围"右边的下拉列表框中的文件夹是否为"D：\ VFP 实验"，在"文件类型"右边的下拉列表框中选择"查询（ ∗ .qpr）"。这时，"查找范围"下面的区域中将显示所有的查询文件名，单击"图书销售查询.qpr"，"文件名"右边的文本框中自动填入：图书销售查询。

（3）单击"确定"按钮，打开"图书销售查询"查询设计器，如图 6 - 29 所示。

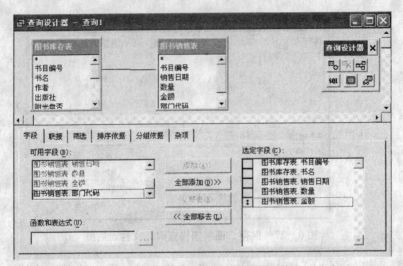

图6-29　"图书销售查询"设计器窗口

（4）打开菜单栏上"查询"菜单，如图6-30所示。

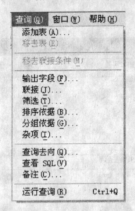

图6-30　"查询"菜单

（5）选中"添加表"命令，打开"添加表或视图"对话框，如图6-31所示。

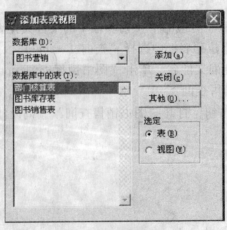

图6-31　"添加表或视图"对话框

（6）选中"部门核算表"，单击"添加"按钮，再单击"关闭"按钮。

（7）添加"部门核算表"后的查询设计器，如图6-32所示。

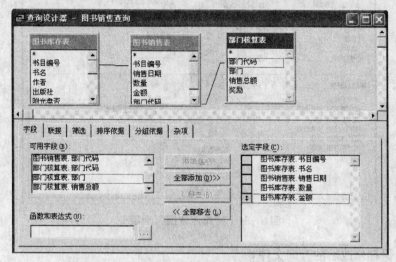

图6-32　"查询设计器-图书销售查询"窗口

（8）将"字段"选项卡的"可用字段"下面多行文本框中的"部门核算表.部门"添加到"选定字段"中，如图6-33所示。

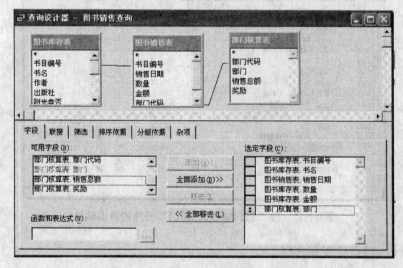

图6-33　添加字段

（9）单击"排序依据"选项卡，将"选定字段"下面多行文本框中的"部门核算表.部门"添加到"排序条件"下面多行文本框中，排序选项下面的"单选按钮"默认是"升序"，如图6-34所示。

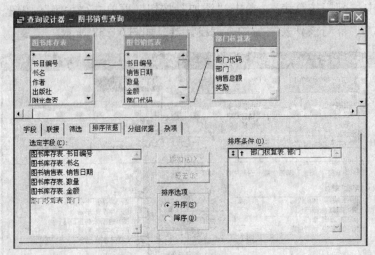

图 6 - 34   "排序依据"选项卡

（10）保存修改后的查询文件。

（11）运行查询：右键单击查询设计器的空白处，在弹出的快捷菜单中选择"运行查询"命令，显示的查询结果如图 6-35 所示。

书目编号	书名	数量	金额	销售日期	部门
A201	Visual Basic程序设计	100	2900.00	06/10/09	第二小组
C001	计算机网络	30	1050.00	06/11/09	第二小组
A201	Visual Basic程序设计	20	580.00	06/12/09	第二小组
B001	计算机基础及应用教程	50	1750.00	06/10/09	第三小组
A102	Visual FoxPro程序设计基础	120	3600.00	06/11/09	第三小组
C001	计算机网络	10	350.00	06/11/09	第三小组
A102	Visual FoxPro程序设计基础	62	1860.00	06/12/09	第三小组
B001	计算机基础及应用教程	100	3500.00	06/12/09	第三小组
A103	Visual FoxPro应用教程	50	1400.00	06/10/09	第一小组
A102	Visual FoxPro程序设计基础	100	3000.00	06/10/09	第一小组
C001	计算机网络	12	420.00	06/10/09	第一小组
A103	Visual FoxPro应用教程	20	560.00	06/11/09	第一小组
B001	计算机基础及应用教程	20	700.00	06/11/09	第一小组
B003	计算机应用教程	60	2160.00	06/11/09	第一小组
B003	计算机应用教程	80	2880.00	06/12/09	第一小组

图 6 - 35   按"部门核算表.部门"升序的查询结果

【实验 6 - 5】设置查询去向。

（1）打开"查询设计器 - 图书销售查询"窗口。

（2）右键单击"查询设计器 - 图书销售查询"窗口中的空白处，在弹出的快捷菜单中选择"输出设置"命令，打开"查询去向"对话框，如图 6-36 所示。

图 6-36 "查询去向"对话框

（3）在"查询去向"对话框中选择"临时表"，在"临时表名"右边的文本框中输入临时表的表名，本例中输入：图书销售查询，如图 6-37 所示。

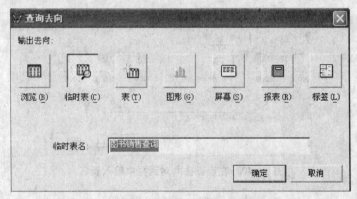

图 6-37 在"查询去向"对话框中选择"临时表"

（4）单击"确定"按钮，回到查询设计器窗口。

（5）打开"查询"下拉菜单，选择"运行查询"命令，这时查询的结果保存在临时表文件中。

（6）在命令窗口中输入：BROWSE 命令，可得到如图 6-38 所示的临时表文件显示结果。

书目编号	书名	销售日期	数量	金额	部门
A201	Visual Basic程序设计	06/10/06	6000	174000	第二小组
C001	计算机网络	06/11/06	100	3500	第二小组
A201	Visual Basic程序设计	06/12/06	6000	174000	第二小组
B001	计算机基础及应用教程	06/10/06	2600	91000	第三小组
A102	Visual FoxPro程序设计基础	06/11/06	3800	114000	第三小组
C001	计算机网络	06/11/06	100	3500	第三小组
A102	Visual FoxPro程序设计基础	06/12/06	3800	114000	第三小组
B001	计算机基础及应用教程	06/12/06	2600	91000	第三小组
A103	Visual FoxPro应用教程	06/10/06	1800	50400	第一小组
A102	Visual FoxPro程序设计基础	06/10/06	3800	114000	第一小组
C001	计算机网络	06/10/06	100	3500	第一小组
A103	Visual FoxPro应用教程	06/10/06	1800	50400	第一小组
B001	计算机基础及应用教程	06/10/06	2600	91000	第一小组
B003	计算机应用教程	06/11/06	2600	93600	第一小组
B003	计算机应用教程	06/12/06	2600	93600	第一小组

图 6-38 显示临时表文件中的记录

(7）在"查询去向"对话框中选择"表"，如图6-39所示。

图6-39 在"查询去向"对话框中选择"表"

（8）在表名右边的文本框中输入表名，本例中输入：查询结果产生的表（该表将自动保存在"D：\ VFP 实验"路径下），如图6-40所示。

图6-40 在查询去向对话框中输入表名

（9）单击"确定"按钮，回到"查询设计器"窗口，保存更改。

（10）打开"查询"菜单，单击"运行查询"命令，查询结果保存在"查询结果产生的表.DBF"表文件中，关闭"查询设计器"窗口。

（11）单击常用工具栏上的"打开"按钮，在"打开"对话框中选择"查询结果产生的表.DBF"表文件（如图6-41所示），单击"确定"按钮。

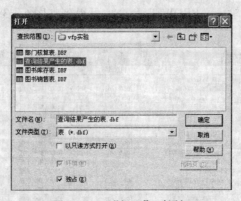

图6-41 "打开"对话框

（12）浏览"查询结果产生的表"的记录：打开"显示"菜单，选择"浏览（B）'查询结果产生的表（D：\ VFP 实验 \ 查询结果产生的表.DBF）'"（如图6-42所示），得到的显示结果如图 6-43 所示。

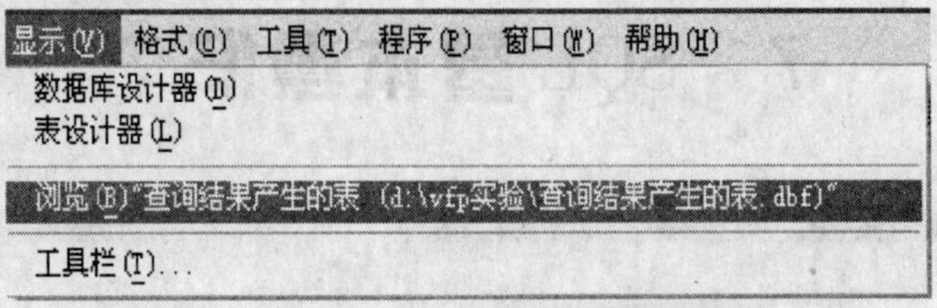

图 6-42　"显示"菜单

图 6-43　显示"查询结果产生的表"中的记录

【要点提示】
查询文件以扩展名 .QPR 保存在外存上。

7 SQL 基本操作

7.1 习题

一、选择题:

1. SQL 是英文_____的缩写。

A) Standard Query Language   B) Structured Query Language

C) Select Query Language   D) 以上都不是

2. SQL 语言的核心是_____。

A) 定义数据   B) 创建表文件   C) 查询数据   D) 汇总数据

3. _____不是 SQL 语言具有的功能。

A) 数据定义   B) 查询结果   C) 数据查询   D) 数据分配

4. 在 SQL 查询时，使用 WHERE 子句指出的是_____。

A) 查询目标   B) 查询结果   C) 查询条件   D) 查询视图

5. 在 SQL 语句中，修改数据表的命令是_____。

A) MODIFY　STRUCTURE   B) MODI　TABLE

C) ALTER　STRUCTURE   D) ALTER　TABLE

6. 在 SQL 语句中，删除数据表的命令是_____。

A) DROP　TABLE   B) ERASE　TABLE

C) DELETE　TABLE   D) DELETE　DBF

7. SQL 中的 INSERT 语句作用可以用于_____。

A) 插入一条记录   B) 插入一个索引   C) 插入一个表   D) 插入一个字段

8. 在 SQL 语言中，创建数据表应当使用的语句是_____。

A) ALTER　TABLE   B) ADD　TABLE

C) CREATE　TABLE   D) MODIFY　TABLE

9. 在 SQL _ SELECT 语句中，消除重复的记录是_____。

A) ERASE   B) DISTINCT   C) EDIT   D) DELETE

10. 在 SQL 的 ALTER TABLE 语句中，删除字段的子句是_____。

A) ALTER   B) DELETE   C) RELEASE   D) DROP

11. 在 SQL 语言中，数据操作语句不包括_____。

A）INSERT　　B）DELETE　　C）CHANGE　　D）UPDATA

12. 在 SQL 语言中，视图定义的命令是______。

A）ALTER　VIEW　　B）SELECT　VIEW

C）CREATE　VIEW　　D）MODIFY　VIEW

13. 用 SELECT _ SQL 语句查询商品表中所有商品名称时，使用的是______。

A）投影查询　　B）条件查询　　C）分组查询　　D）连接查询

14. 如果利用 SQL 语句创建部门核算表：

CREATE TABLE 部门核算表（部门编号 C（3），部门名称 C（8），销售金额 N（10，2），奖金 N（8，2），现插入一条记录，使用的命令是______。

A）INSERT　INTO 部门核算表 VALUES（001，第 3 小组，20 000，300）

B）INSERT　INTO 部门核算表 VALUES（"001"，"第 3 小组"，20 000，300）

C）INSERT　INTO 部门核算表（001，第 3 小组）VALUES（20 000，300）

D）INSERT　INTO 部门核算表 VALUES((001，第 3 小组）VALUES(20 000，300）

15. 使用 SQL _ UPDATE 命令，如果省略 WHERE 条件时，是对数据库______。

A）首记录更新　　B）当前记录更新

C）指定字段类型更新　　D）全部记录更新

16. 在 SELECT _ SQL 语句中，不能使用的函数是______。

A）AVG（）　　B）COUNT（）

C）SUM（）　　D）TOTAL（）

17. 有一图书库存表，如图 7－1 所示。

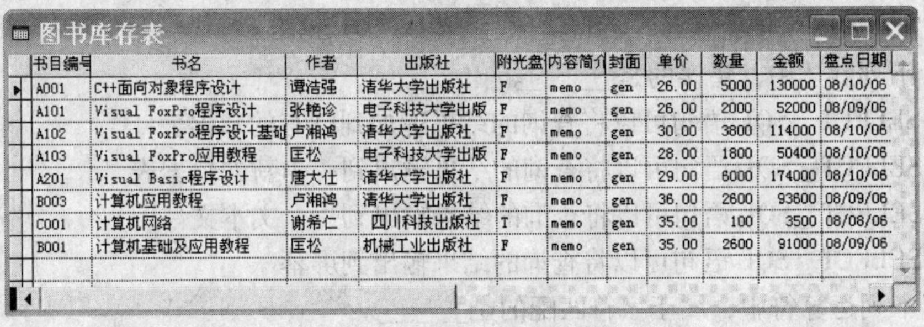

书目编号	书名	作者	出版社	附光盘	内容简介	封面	单价	数量	金额	盘点日期
A001	C++面向对象程序设计	谭浩强	清华大学出版社	F	memo	gen	26.00	5000	130000	08/10/06
A101	Visual FoxPro程序设计	张艳诊	电子科技大学出版	F	memo	gen	26.00	2000	52000	08/09/06
A102	Visual FoxPro程序设计基础	卢湘鸿	清华大学出版社	F	memo	gen	30.00	3800	114000	08/10/06
A103	Visual FoxPro应用教程	匡松	电子科技大学出版	F	memo	gen	28.00	1800	50400	08/10/06
A201	Visual Basic程序设计	唐大仕	清华大学出版社	F	memo	gen	29.00	6000	174000	08/10/06
B003	计算机应用教程	卢湘鸿	清华大学出版社	F	memo	gen	36.00	2600	93600	08/09/06
C001	计算机网络	谢希仁	四川科技出版社	T	memo	gen	35.00	100	3500	08/08/06
B001	计算机基础及应用教程	匡松	机械工业出版社	F	memo	gen	35.00	2600	91000	08/09/06

图 7－1　图书库存表 .DBF 数据

使用 SELECT _ SQL 语句，查询图书库存表中书名、作者、出版社、单价的情况，使用的语句是______。

A）SELECT 书名，作者，出版社，单价 FROM 图书库存表

B）SELECT ＊ FROM 图书库存表

C）SELECT 书名，作者，出版社，单价 USE　图书库存表

D）SELECT 书名，作者，出版社，单价 WHERE 图书库存表

18. 在 SELECT _ SQL 语句中，查询图书库存表中所有单价小于 30 元的图书书名及单价，使用的语句是______。

A）SELECT 书名，单价 FROM 图书库存表

B）SELECT 书名，单价 FROM 图书库存表 WHERE 单价 <30

C）SELECT 书名，单价 FROM 图书库存表 ON 单价 <30

D）SELECT 书名，单价 FROM 图书库存表 单价 < =30

19. 在 SELECT _ SQL 语句中，对图书库存表中所有图书按单价降序排列，使用的语句是_____。

A）SELECT * FROM 图书库存表 ORDER BY 单价

B）SELECT * FROM 图书库存表 ORDER BY 单价 DESC

C）SELECT * FROM 图书库存表 WHERE 单价 DESC

D）SELECT * FROM 图书库存表 GROUP BY 单价 DESC

20. 使用 SELECT _ SQL 语句，从图书库存表中查询所有书名中含有"程序"的图书，使用的语句是_____。

A）SELECT * FROM 图书库存表 WHERE LEFT（书名，4）="程序"

B）SELECT * FROM 图书库存表 WHERE RIGHT（书名，4）="程序"

C）SELECT * FROM 图书库存表 WHERE TRIM（书名，4）="程序"

D）SELECT * FROM 图书库存表 WHERE"程序" $ 书名

21. 用 SELECT _ SQL 语句中，统计女生的人数，应使用的函数是_____。

A）IF   B）COUNT   C）SUM   D）MIN

22. 当子查询返回的值是一个集合时，使用_____可以完全代替 ANY。

A）EXISTS   B）IN   C）ALL   D）BETWEEN

23. 在 SELECT _ SQL 语句中，要将查询结果保存到数据表中的选项是_____。

A）INTO ＜新表名＞   B）TO FILE ＜文件名＞

C）TO PRINTER   D）TO SCREEN

24. 下列叙述中，错误的是_____。

A）SELECT _ SQL 语句可以将查询的结果追加到已有的数据表

B）SELECT _ SQL 语句可以将查询的结果输出到一个新的数据表

C）SELECT _ SQL 语句可以将查询的结果输出到一个文本文件

D）SELECT _ SQL 语句可以将查询的结果输出到屏幕

25. 下列运算符中，属于字符匹配的是_____。

A）! =   B）BETWEEN   C）IN   D）LIKE

26. 用 SELECT _ SQL 语句查询学生表中所有学生的姓名中，使用的是_____。

A）投影查询   B）条件查询   C）分组查询   D）查询排序

27. 为了在选课表中查询选修了"K130"和"K150"课程的学号，SELECT _ SQL 语句的 WHERE 子句的格式为_____。

A）WHERE 课程号 BETWEEN "K130" AND "K150"

B）WHERE 课程号 ="K130" AND "K150"

C）WHERE 课程号 IN"K130"，"K150"）

D）WHERE 课程号 LIKE"K130"，"K150"）

28. 下列不正确的搭配是_____。

A）COUNT（学号）与 DISTINCT

B）COUNT（课程号）与 DISTINCT

C) COUNT（教师号）与 DISTINCT

D) COUNT（＊）与 DISTINCT

29. 统计选课门数在两门以上学生的学号的 SELECT_SQL 语句为_____。

A) SELECT 学号 FROM 选课表 HAVING COUNT（＊）＞＝2

B) SELECT 学号 FROM 选课表 GROUP BY 学号 HAVING COUNT（＊）＞＝2

C) SELECT 学号 FROM 选课表 WHERE COUNT（＊）＞＝2

D) SELECT 学号 FROM 选课表 GROUP BY 学号 WHERE COUNT（＊）＞＝2

30. UPDATE_SQL 语句的功能是_____。

A) 定义数据　　　　B) 修改数据　　　　C) 查询数据　　　　D) 删除数据

31. ALTER_SQL 语句的功能是_____。

A) 增加数据表　　　B) 修改数据表　　　C) 查询数据表　　　D) 删除数据表

32. 下列描述中，错误的是_____。

A) SQL 中的 DELETE 语句可以删除一条记录

B) SQL 中的 DELETE 语句可以删除多条记录

C) SQL 中的 DELETE 语句可以用子查询选择要删除的行

D) SQL 中的 DELETE 语句可以删除子查询的结果

33. 不属于数据定义功能的 SQL 语句是_____。

A) CREATE TABLE　　　　　　　　B) CREATE CURSOR

C) UPDATE　　　　　　　　　　　D) ALTER TABLE

34. 在 ALTER_SQL 语句中，用于增加字段长度的子句是_____。

A) ADD　　　　　　B) ALTER　　　　　C) MODIFY　　　　D) DROP

35. 在 SQL_SELECT 语句中，表示查询目标使用的子句是_____。

A) ALL　　　　　　B) INTO　　　　　　C) JOIN　　　　　D) DESE

36. 对 SQL_DELETE 命令说法正确的是_____。

A) 可以删除基本表中的元组　　　　B) 可以删除基本表中的属性

C) 可以删除基本表　　　　　　　　D) 可以删除从基本表中导出的视图

37. 在 SQL 语句中，UPDATE 语句的功能是_____。

A) 更新数据表的结构　　　　　　　B) 更新数据表的值

C) 更新索引　　　　　　　　　　　D) 更新查询

38. 在 SQL 语句中，ALTER TABLE 语句的功能是_____。

A) 建立表结构　　　B) 修改表结构　　　C) 查询表数据　　　D) 删除表数据

39. SELECT_SQL 语句可以用于多表查询，其中的数据联接类型有四种，代表内部联接的是_____。

A) INNER　JION　　　　　　　　　B) LEFT　　JION

C) RIGHT　JION　　　　　　　　　D) FULL JION

40. 为了在查询结果中，将两个表中的记录不管是否满足联接条件，都在目标表或查询结果中出现，应使用_____联接类型。

A) LEFT　JION　　B) RIGHT JION　　C) INNER　JION　　D) FULL　JION

41. 在 SELECT_SQL 语句中，_____子句后可能带有 HAVING 短语。

A) WHERE B) SELECT C) GROUP D) ORDER

42. 查询设计器中"联接"选项卡对应的 SQL 短语是_____。

A) WHERE B) JOIN C) SET D) ORDER BY

43. 在 Visual FoxPro 的查询设计中，"筛选"选项卡对应的 SQL 短语是_____。

A) WHERE B) JOIN C) SET D) ORDER BY

44. 一条没有指明去向的 SQL SELECT 语句执行之后，会把查询结果显示在屏幕上，要退出这个查询窗口，应该按的键是_____。

A) ALT B) DELETE C) ESC D) RETURN

当前盘当前目录下有工资表 GZ.DBF，该数据库表的内容如表 7-1 所示，完成 45~53 题。

表 7-1

职工号	姓名	工资（元）	部门
K001	程林	1300.00	生产科
K002	李小	2400.20	销售科
K003	赵广	1900.40	财务科
K004	王兴	700.70	生产科
K005	刘新林	1200.00	销售科
K006	周竟	1300.00	财务科
K007	汪林	1050.00	生产科
K008	曾平	2250.50	销售科

45. 执行如下 SQL 语句后，_____。

SELECT * FROM GZ INTO DBF GZ ORDER BY 工资

A) 系统会提示出错信息

B) 会生成一个按"工资"升序排列的表文件，将原来的 GZ.DBF 文件覆盖

C) 会生成一个按"工资"降序排列的表文件，将原来的 GZ.DBF 文件覆盖

D) 不会生成排序文件，只在屏幕上显示一个按"工资"升序排序的结果

46. 有 SQL_SELECT 语句：

"SELECT * FROM GZ WHERE 工资 BETWEEN 1000 AND 2000"，那么与该语句等价的是_____。

A) SELECT * FROM GZ WHERE 工资 <=2000 .AND. 工资 >= 1000

B) SELECT * FROM GZ WHERE 工资 <1000 .AND. 工资 >2000

C) SELECT * FROM GZ WHERE 工资 >=2000 .AND. 工资 <=1000

D) SELECT * FROM GZ WHERE 工资 >1000 .AND. 工资 < 2000

47. 在当前盘当前目录下删除表 GZ 的命令是_____。

A) DROP GZ B) DELETE TABLE GZ

C) DROP TABLE GZ D) DELETE GZ

48. 有 SQL 语句 "SELECT max（工资）INTO ARRAY a FROM GZ"，则执行该语句后_____。

A) a［1］的内容为 2300.00   B) a［1］的内容为 8

C) a［0］的内容为 2300.00   D) a［0］的内容为 8

49. 将 GZ 表中的姓名字段的宽度由 8 改为 10，应使用 SQL 语句_____。

A) ALTER TABLE GZ 姓名 WITH C（10）

B) ALTER TABLE GZ 姓名 C（10）

C) ALTER TABLE GZ ALTRE 姓名 C（10）

D) ALTER TABLE GZ 姓名 C（10）

50. 有如下 SQL 语句：

CREATE VIEW GZST AS SELECT ＊ FROM GZ WHERE 部门＝"销售科"

执行该语句后产生的视图包含的记录数个是_____。

A) 1   B) 2   C) 3   D) 4

51. 有如下 SQL 语句：

CREATE VIEW GZST AS SELECT 职工号 AS 编号，工资 FROM GZ

执行该语句后产生的视图含有的字段名是_____。

A) 职工号、工资   B) 编号、工资

C) 名称、编号、工资   D) 编号、工资、部门

52. 执行如下 SQL 语句后：

SELECT DISTINCT 工资 FROM GZ；

WHERE 工资＝（SELECT MIN（工资）FROM GZ）INTO DBF GZX

则表 GZX 中的记录个数是_____。

A) 1   B) 2   C) 3   D) 4

53. 用 SQL 语句计算每个部门的平均工资的命令是_____。

A) SELECT 姓名，AVG（工资）FROM GZ GROUP BY 工资

B) SELECT 姓名，AVG（工资）FROM GZ ORDER BY 工资

C) SELECT 姓名，AVG（工资）FROM GZ ORDER BY 部门

D) SELECT 姓名，AVG（工资）FROM GZ GROUP BY 部门

54~58 题使用如下三个表：

部门.DBF：部门号 C（8），部门名 C（12），负责人 C（6），电话 C（16）

职工.DBF：部门号 C（8），职工号 C（10），姓名 C（8），性别 C（2），出生日期 D

工资.DBF：职工号 C（10），基本工资 N（8，2），津贴 N（8，2），奖金 N（8，2），扣除 N（8，2）

54. 查询职工实发工资的正确命令是_____。

A) SELECT 姓名，(基本工资＋津贴＋奖金－扣除) AS 实发工资 FROM 工资

B) SELECT 姓名，(基本工资＋津贴＋奖金－扣除) AS 实发工资；
    FROM 工资 WHERE 职工.职工号＝工资.职工号

C) SELECT 姓名，(基本工资＋津贴＋奖金－扣除) AS 实发工资；

FROM 工资，职工 WHERE 职工.职工号 = 工资.职工号

    D）SELECT 姓名，（基本工资＋津贴＋奖金－扣除）AS 实发工资；

        FROM 工资 JOIN 职工 WHERE 职工.职工号 = 工资.职工号

55. 查询 1962 年 10 月 27 日出生的职工信息的正确命令是_____。

    A）SELECT ＊ FROM 职工 WHERE 出生日期 = ｛^1962－10－27｝

    B）SELECT ＊ FROM 职工 WHERE 出生日期 = 1962－10－27

    C）SELECT ＊ FROM 职工 WHERE 出生日期 = "^1962－10－27"

    D）SELECT ＊ FROM 职工 WHERE 出生日期 = （^1962－10－27）

56. 查询每个部门年龄最长者的信息，要求得到的信息包括部门名和最长者的出生日期。正确的命令是_____。

    A）SELECT 部门名，MIN（出生日期）   FROM 部门 JOIN 职工；

        ON 部门.部门号 = 职工.部门号 GROUP BY 部门名

    B）SELECT 部门名，MAX（出生日期）   FROM 部门 JOIN 职工；

        ON 部门.部门号 = 职工.部门号 GROUP BY 部门名

    C）SELECT 部门名，MIN（出生日期）   FROM 部门 JOIN 职工；

        WHERE 部门.部门号 = 职工.部门号 GROUP BY 部门名

    D）SELECT 部门名，MAX（出生日期）   FROM 部门 JOIN 职工；

        WHERE 部门.部门号 = 职工.部门号 GROUP BY 部门名

57. 查询 10 名以上（含 10 名）职工的部门信息部门名和职工人数，并按照职工人数降序排序，正确的命令是_____。

    A）SELECT 部门名，COUNT（职工号）   AS 职工人数 FROM 部门，职工；

        WHERE 部门.部门号 = 职工.部门号 GROUP BY 部门名；

        HAVING COUNT（＊）＞ =10 ORDER BY COUNT（职工号）ASC

    B）SELECT 部门名，COUNT（职工号）   AS 职工人数 FROM 部门，职工；

        WHERE 部门.部门号 = 职工.部门号 GROUP BY 部门名；

        HAVING COUNT（＊）＞ =10 ORDER BY COUNT（职工号）DESC

    C）SELECT 部门名，COUNT（职工号）AS 职工人数；

        FROM 部门，职工 WHERE 部门.部门号 = 职工.部门号；

        GROUP BY 部门名 HAVING COUNT（＊）＞ =10 ORDER BY 职工人数 ASC

    D）SELECT 部门名，COUNT（职工号）AS 职工人数；

        FROM 部门，职工 WHERE 部门.部门号 = 职工.部门号；

        GROUP BY 部门名 HAVING COUNT（＊）＞ =10 ORDER BY 职工人数 DESC

58. 查询所有目前年龄在 35 岁以上（不含 35 岁）的职工信息（姓名、性别和年龄），正确的命令是_____。

    A）SELECT 姓名，性别，YEAR（DATE（））－YEAR（出生日期）年龄；

        FROM 职工 WHERE 年龄 >35

    B）SELECT 姓名，性别，YEAR（DATE（））－YEAR（出生日期）年龄；

        FROM 职工 WHERE YEAR（出生日期）＞35

C) SELECT 姓名，性别，YEAR（DATE（））－YEAR（出生日期）年龄；

　　FROM 职工 WHERE YEAR（DATE（））－YEAR（出生日期）>35

D) SELECT 姓名，性别，年龄＝YEAR（DATE（））－YEAR（出生日期）；

　　FROM 职工 WHERE YEAR（DATE（））－YEAR（出生日期）>35

二、填空题

1. SQL 语言是一种_____语言。

2. 在 SQL 语句中，空值用_____表示。

3. SQL 支持集合的并运算，运算符是_____。

4. 在 SQL _ SELECT 语句中，用于计算的函数多个，请填写下列函数的具体含义 COUNT()_____，MAX()_____，MIN()_____，AVG()_____，SUM()_____。

5. SQL 语言包括了数据定义、数据操纵、数据控制和_____。

6. 在 SQL 语句中，如果查找全部的字段，可以用_____表示。

7. 在 SQL 语句中，将查询结果存放在一个文本文件中，应该使用_____短语。

8. 设有学生选课表 SC（学号，课程号，成绩），用 SQL 语言检索成绩大于 80 分的课程的语句是 SELECT 学号，课程号，AVG（成绩）FROM　SC _____。

9. 在 SQL 的 CAEATA TABLE 语句中，为属性说明取值范围（约束）的是_____短语。

10. SQL 插入记录的命令是 INSERT，删除记录的命令是_____，修改记录的命令是_____。

11. 在 SQR 的嵌套查询中，量词 ANY 和_____是同义词。

12. 在 SQL 查询时，使用_____子句指出的是查询条件。

13. 从职工数据库表中计算工资合计的 SQL 语句是 SELECT _____ FROM 职工。

14. 在 SQL 的 SELECT 命令 TO FILE ＜文件名＞［ADDITIVE］，其中 ADDITIVE 的含义是_____。

15. 在 SQL SELECT 语句中，将查询结果存放在一个表中，应该使用_____子句。

16. 将学生表 STUDENT 中的学生年龄（字段名是 AGE）增加 1 岁，应该使用的 SQL 命令是：UPDATE STUDENT _____。

17. 在 SQR 语句中，修改表结构的命令是_____。

18. 在 SQR 语句中，从表文件中派生出视图的命令是_____。

19. 在 SQR 语句中，将查询的结果存放在数组中，使用的短语是_____。

20. 使用 SQR 语句在图书库存表中查询单价在 20～30 元的书籍，使用的条件子句是_____。

21. 在 SQL 查询中，根据图书库存表，与表达式"出版社 LIKE "%电子%""功能相同的 SQL 表达式还可以写出_____。

22. 用 SQL 语句删除表中数据的命令是_____。

23. 将图书库存表中的书目编号"B001"改为"K007"。实现此功能的 SQL 语句是_____。

24. 某图书资料室的图书管理 .DBC 数据库中有三张表：TS.DBF（图书表）、

DZ.DBF（读者表）与 JY.DBF（借阅表），表结构如表 7-2 所示。

表 7-2

TS.DBF 结构		DZ.DBF 结构		JY.DBF 结构	
字段名	字段类型	字段名	字段类型	字段名	字段类型
编号	C（10）	借书证号	C（6）	借书证号	C（6）
分类号	C（10）	单位	C（18）	编号	C（10）
书名	C（8）	姓名	C（8）	借书日期	D（8）
出版单位	C（20）	性别	C（2）	还书日期	D（8）
作者	C（8）	职称	C（10）		
单价	N（7，2）	地址	C（20）		
馆藏册书	N（4）				

根据表 7-2 的数据完善下列语句，查询该图书资料室各出版单位出版图书的馆藏总册数、总金额、平均单价。

SELECT 出版单位，SUM（馆藏册数）AS 馆藏总册数，；

SUM（馆藏册数 * 单价）AS 总金额，＿＿＿＿AS 平均单价

FROM 图书管理! TS GROUP BY 出版单位

25. 设有一个会议代表签到信息的表文件 QD.DBF，包括 XH（序号），XM（姓名），DW（单位）等字段，如果每个单位可以有多个代表参加，生成一个仅含有单位字段且记录值不重复的表文件 QDB.DBF。

则可以利用命令：

SELECT ＿＿＿＿ DW FROM QD INTO TABLE QDB

7.2 实验

一、实验目的

1. 掌握 SQL 语言，使用 SQL 语言实现数据定义，数据查询、数据操纵。

2. 掌握 SELECT _ SQL 命令创建数据结构、插入、修改、删除、更新数据等相关命令。

3. 掌握 SELECT _ SQL 命令进行查询的各种使用方法。

4. 掌握 SELECT _ SQL 命令实现对数据表和数据库的各种操作。

二、实验内容

【实验 7-1】使用 SQL 语句创建"图书库存表.DBF"结构，并修改该表的字段属性。图书库存表.DBF 的表结构如表 7-3 所示。

表7-3　　　　　　　　　　　　图书库存表.DBF 的结构

字段名	字段类型	字段宽度	小数位置
书目编号	字符型	4	
书名	字符型	24	
作者	字符型	6	
出版社	字符型	16	
附光盘否	逻辑型	1	
内容简介	备注型	4	
封面	通用型	4	
单价	数字型	6	2
数量	数字型	6	
金额	数字型	8	2
盘点日期	日期型	8	

（1）设置当前磁盘路径。在命令窗口中输入如下命令：

SET DEFAULT TO　D：\ VFP 实验

（2）使用 SQL 语句创建"图书库存表.DBF"结构，在命令窗口输入如下命令：

CREATE TABLE 图书库存表（书目编号 C（4），书名 C（24），作者 C（6），；
出版社 C（16），附光盘否 L（1），内容简介 M（4），封面 G（4），；
单价 N（6，2），数量 N（6），金额 N（8，2），盘点日期 D（8））

（3）打开"显示"菜单，选择"表设计器"，查询结果如图7-2所示。

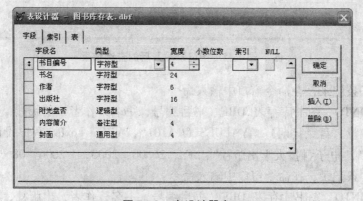

图7-2　表设计器窗口

（4）使用 SQL 语句修改"图书库存表.DBF"的字段属性。将"图书库存表.DBF"中图书编号的类型改为整型，作者的宽度改为8位，出版社的宽度改为20位。

命令窗口输入如下命令：

SET DEFAULT TO　D：\ VFP 实验

ALTER TABLE　图书库存表　ALTER　书名 C（28）　　ALTER 作者 C（8）；
ALTER 出版社 C（20）

打开"显示"菜单，选择"表设计器"，查询结果如图7-3所示。

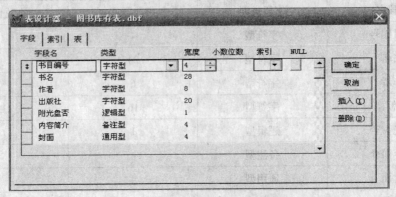

图7-3　字段修改后的表设计器窗口

【实验7-2】使用SQL语句对"图书库存表.DBF"实现对该表的插入记录、更新记录、删除记录等操作。

(1) 使用SQL语句进行插入记录操作。

插入第1条记录，在命令窗口中输入命令：

INSERT INTO　图书库存表.DBF（书目编号，书名，作者，出版社，附光盘否，;
单价，数量，盘点日期）　VALUES（"A001","C++面向对象程序设计语言",;
"谭浩强","清华大学出版社"，.F.，26.00，5000，{^2006-08-10}）

打开"显示"菜单，选择"浏览"命令，查询结果如图7-4所示。

书目编号	书名	作者	出版社	附光盘否	内容简介	封面	单价	数量	金额	盘点日期
A001	C++面向对象程序设计	谭浩强	清华大学出版社	F	memo	gen	26.00	5000	130000.0	08/10/06

图7-4　第1条记录输入后的查询结果

插入第2条记录，在命令窗口中输入命令：

INSERT INTO　图书库存表.DBF（书目编号，书名，作者，出版社，附光盘否，;
单价，数量，盘点日期）　VALUES（"A101","Visual FoxPro 程序设计",;
"张艳珍","电子科技大学出版社"，.F.，26.00，2000，{^2006-08-09}）

插入第3条记录，在命令窗口中输入命令：

INSERT INTO　图书库存表.DBF（书目编号，书名，作者，出版社，附光盘否，;
单价，数量，盘点日期）　VALUES（"A102","Visual FoxPro 程序设计",;
"卢湘鸿","清华大学出版社"，.F.，30.00，3800，{^2006-08-10}）

打开"显示"菜单，选择"浏览"命令，查询结果如图7-5所示。

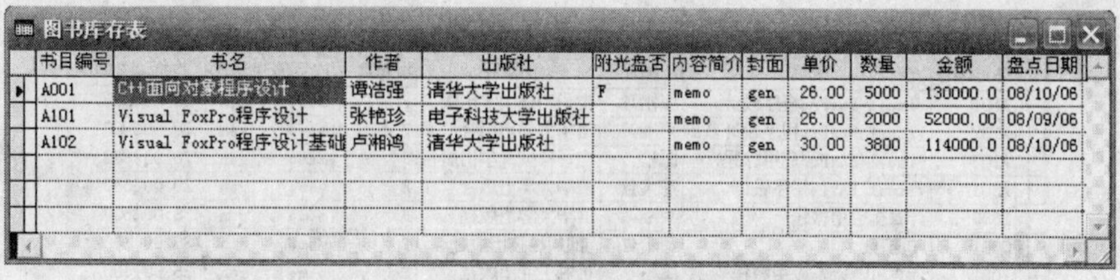

图7-5　多条记录输入后的查询结果

依次完成下列记录输入。最后运行的结果如图7-6所示。

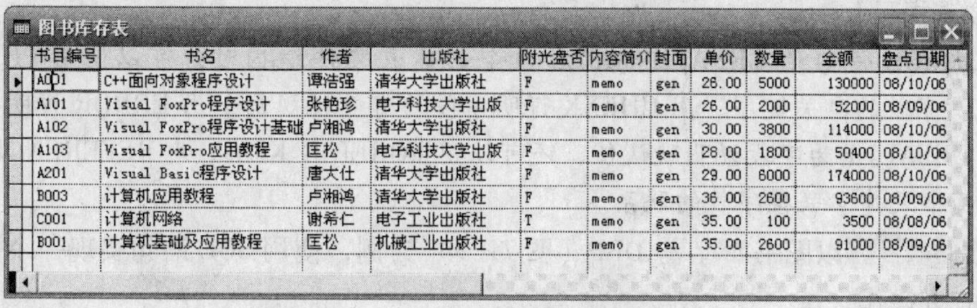

图7-6　全部记录输入后的查询结果

（2）使用 SQL 语句对"图书库存表 .DBF"记录更新操作。将书目编号为"C001"书名改为 C 语言，出版社改为"四川科技出版社"。

在命令窗口中输入命令：

UPDATE 图书库存表 SET　书名 ="C 语言"，出版社 ="四川科技出版社"；

WHERE　书目编号 ="C001"

打开"显示"菜单，选择"浏览"命令，查询结果如图 7-7 所示。

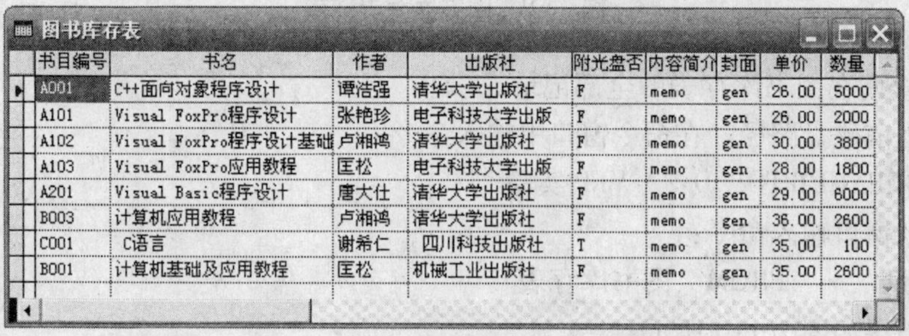

图7-7　记录修改后的查询结果

（3）使用 SQL 语句对"图书库存表 .DBF"记录进行删除操作。将书目编号为"C001"的记录作上删除标记。

在命令窗口中输入命令：

DELETE　FROM　图书库存表　WHERE　书目编号 ="C001"

打开"显示"菜单，选择"浏览"命令，查询结果如图 7-8 所示。

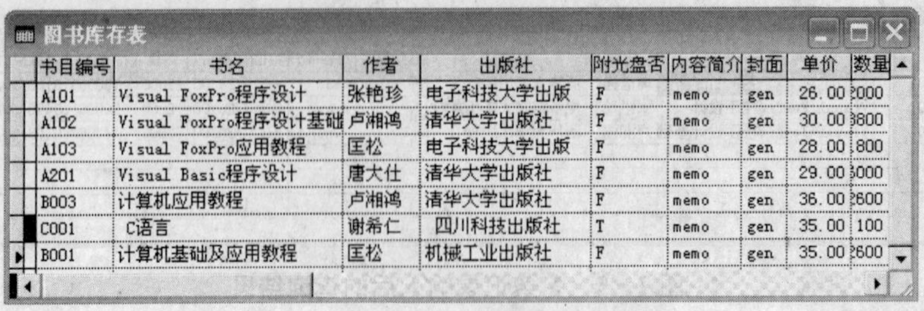

图 7-8 记录删除后的查询结果

【要点提示】

通过 SQL 语句的 CREATE TABLE 命令创建表文件结构时，可以使用 PRIMARY KEY 说明字段的主关键字，用 CHEXK 说明字段的有效性规则，用 ERROR 说明出错信息，用 DEFAULT 为字段说明默认值，还可以用 FOREIGN KEY ……REFERENCES…短语说明两个表建立联接字段的联系。

【实验 7-3】以图书库存表 .DBF（图 7-9）为例，使用 SQL 语句实现一个数据表的各种查询操作。

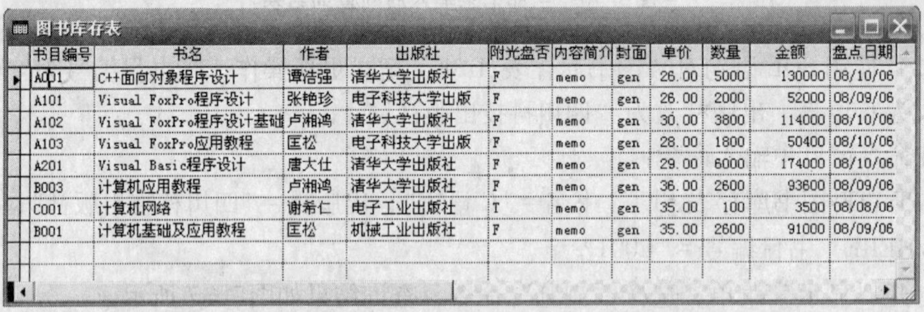

图 7-9　图书库存表数据

（1）查询在图书库存表的全部记录。

设置当前磁盘路径。在命令窗口中输入命令：

SET DEFAULT TO　D：\ VFP 实验

在命令窗口输入命令：

SELECT　＊　FROM　图书库存表

查询结果如图 7-10 所示。

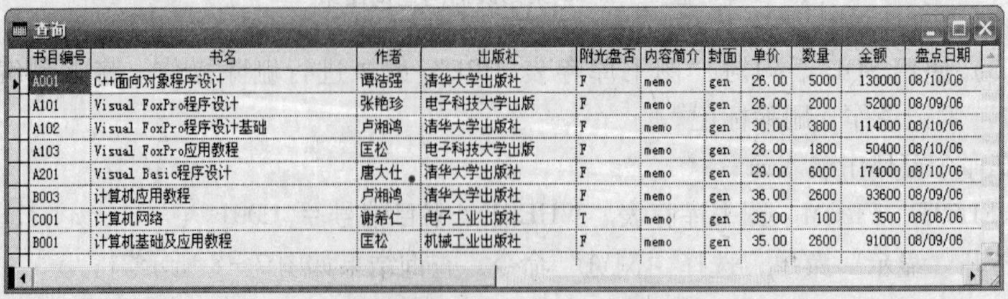

图 7-10　查询结果

（2）使用图书库存表.DBF 的数据，查询结果包括书目编号、书名、作者、单价、出版社的字段值。

在命令窗口输入命令：

SELECT 书目编号，书名，作者，单价，出版社 FROM 图书库存表

查询结果如图 7－11 所示。

图书库存表

书目编号	书名	作者	出版社	附光盘否	内容简介	封面	单价	数量
A001	C++面向对象程序设计	谭浩强	清华大学出版社	F	memo	gen	26.00	5000
A101	Visual FoxPro程序设计	张艳珍	电子科技大学出版	F	memo	gen	26.00	2000
A102	Visual FoxPro程序设计基础	卢湘鸿	清华大学出版社	F	memo	gen	30.00	3800
A103	Visual FoxPro应用教程	匡松	电子科技大学出版	F	memo	gen	28.00	1800
A201	Visual Basic程序设计	唐大仕	清华大学出版社	F	memo	gen	29.00	5000
B003	计算机应用教程	卢湘鸿	清华大学出版社	F	memo	gen	36.00	2600
C001	C语言	谢希仁	四川科技出版社	T	memo	gen	35.00	100
B001	计算机基础及应用教程	匡松	机械工业出版社	F	memo	gen	35.00	2600

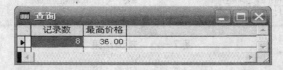

图 7－11　查询结果

（3）使用图书库存表.DBF 的数据，统计记录数和单价最高的。

在命令窗口输入命令：

SELECT COUNT（＊）AS 记录数，MAX（单价）AS 最高价格 FROM 图书库存表

查询结果如图 7－12 所示。

查询

记录数	最高价格
8	36.00

图 7－12　查询结果

（4）使用图书库存表.DBF 的数据，列出出版社为“清华大学出版社”的书目编号、书名、作者、单价、出版社的字段值。

在命令窗口输入命令：

SELECT 书目编号，书名，作者，单价，出版社　FROM　图书库存表；

WHERE 出版社＝"清华大学出版社"

查询结果如图 7－13 所示。

查询

书目编号	书名	作者	单价	出版社
A001	C++面向对象程序设计	谭浩强	26.00	清华大学出版社
A102	Visual FoxPro程序设计基础	卢湘鸿	30.00	清华大学出版社
A201	Visual Basic程序设计	唐大仕	29.00	清华大学出版社
B003	计算机应用教程	卢湘鸿	36.00	清华大学出版社

图 7－13　查询结果

（5）使用图书库存表.DBF 的数据，列出书名左边开始含有“计算机”图书的书名、作者、单价、出版社的字段值。

在命令窗口输入命令：

SELECT 书名，作者，单价，出版社　FROM　图书库存表；

WHERE 书名 = "计算机"

查询结果如图 7-14 所示。

图 7-14　查询结果

（6）使用图书库存表.DBF 的数据，列出书名中含有"教程"图书的书名、作者、单价、出版社的字段值。

在命令窗口输入命令：

SELECT 书名，作者，单价，出版社　FROM　图书库存表；

WHERE 书名 LIKE"% 教程%"

查询结果如图 7-15 所示。

图 7-15　查询结果

（7）使用图书库存表.DBF 的数据，建立多条件查询。列出出版社为"清华大学出版社"，单价在 30 元以上的书目编号、书名、作者、单价、出版社的字段值。

在命令窗口输入命令：

SELECT 书目编号，书名，作者，单价，出版社　FROM　图书库存表；

WHERE 出版社 = "清华大学出版社" AND 单价 > = 30

查询结果如图 7-16 所示。

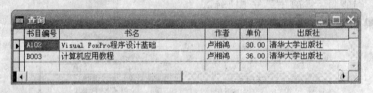

图 7-16　查询结果

（8）使用图书库存表.DBF 的数据，建立查询。列出结果包括书目编号、书名、作者、单价、出版社的字段内容，并把结果保存在文件 ZJ.TXT 中。

在命令窗口输入命令：

SELECT 书目编号，书名，作者，单价，出版社 FROM　图书库存表 TO ZJ.TXT

查询结果如图 7-17 所示。

书目编号	书名	作者	单价	出版社
A001	C++面向对象程序设计	谭浩强	26.00	清华大学出版社
A101	Visual FoxPro程序设计	张艳珍	26.00	电子科技大学出版
A102	Visual FoxPro程序设计基础	卢湘鸿	30.00	清华大学出版社
A103	Visual FoxPro应用教程	匡松	28.00	电子科技大学出版
A201	Visual Basic程序设计	唐大仕	29.00	清华大学出版社
B003	计算机应用教程	卢湘鸿	36.00	清华大学出版社
C001	计算机网络	谢希仁	35.00	电子工业出版社
B001	计算机基础及应用教程	匡松	35.00	机械工业出版社

图 7－17　查询结果

说明：文本文件可以使用 type zj.txt 命令显示。

(9) 使用图书库存表.DBF 的数据，建立按单价升序排列和降序排列查询。并列出结果包括书目编号、书名、作者、单价、出版社的字段值。

在命令窗口输入命令：

SELECT 书目编号，书名，作者，单价，出版社 FROM 图书库存表；

ORDER BY 单价

查询结果如图 7－18 升序排列所示。

查询

书目编号	书名	作者	单价	出版社
A001	C++面向对象程序设计	谭浩强	26.00	清华大学出版社
A101	Visual FoxPro程序设计	张艳珍	26.00	电子科技大学出版
A103	Visual FoxPro应用教程	匡松	28.00	电子科技大学出版
A201	Visual Basic程序设计	唐大仕	29.00	清华大学出版社
A102	Visual FoxPro程序设计基础	卢湘鸿	30.00	清华大学出版社
C001	计算机网络	谢希仁	35.00	电子工业出版社
B001	计算机基础及应用教程	匡松	35.00	机械工业出版社
B003	计算机应用教程	卢湘鸿	36.00	清华大学出版社

图 7－18　按单价升序排列结果

在命令窗口输入命令：

SELECT 书目编号，书名，作者，单价，出版社 FROM 图书库存表；

ORDER BY 单价 DESC

查询结果如图 7－19 降序排列所示。

查询

书目编号	书名	作者	单价	出版社
B003	计算机应用教程	卢湘鸿	36.00	清华大学出版社
C001	计算机网络	谢希仁	35.00	电子工业出版社
B001	计算机基础及应用教程	匡松	35.00	机械工业出版社
A102	Visual FoxPro程序设计基础	卢湘鸿	30.00	清华大学出版社
A201	Visual Basic程序设计	唐大仕	29.00	清华大学出版社
A103	Visual FoxPro应用教程	匡松	28.00	电子科技大学出版
A001	C++面向对象程序设计	谭浩强	26.00	清华大学出版社
A101	Visual FoxPro程序设计	张艳珍	26.00	电子科技大学出版

图 7－19　按单价降序排列结果

(10) 使用图书库存表.DBF 的数据，输出图书单价在 28～35 元之间的图书的书名、作者、单价、出版社的字段值。

在命令窗口输入命令：

SELECT 书名，作者，单价，出版社 FROM 图书库存表；

WHERE 单价 BETWEEN 28.00 AND 35.00

查询结果如图 7 - 20 所示。

图 7 - 20 查询结果

（11）使用图书销售表.DBF 的数据如图 7 - 21，按数据表中书目编号分组查询。

书目编号	销售日期	数量	金额	部门代码
A103	06/10/06	50		01
A102	06/10/06	100		01
A104	06/10/06	200		02
B001	06/10/06	50		03
C001	06/10/06	12		01
A103	06/10/06	20		01
A201	06/10/06	100		02
A104	06/11/00	10		03
A102	06/11/06	120		03
B001	06/11/06	20		01
C001	06/11/06	30		02
B003	06/11/06	60		01
A104	06/11/06	3		03
C001	06/11/06	10		03
A102	06/12/06	62		03
B001	06/12/06	100		03
A201	06/12/06	20		02
B003	06/12/06	80		01

图 7 - 21 图书销售表.DBF 的数据

在命令窗口输入命令：

SELECT 书目编号，COUNT（＊） FROM 图书销售表 GROUP BY 书目编号

查询结果如图 7 - 22 所示。

书目编号	Cnt
A102	3
A103	2
A104	3
A201	2
B001	3
B003	2
C001	3

图 7 - 22 查询结果

【实验7-4】以图书库存表.DBF 和图书销售表.DBF 为例，使用 SQL 语句实现两个数据表的查询操作。

图书库存表.DBF 如图 7-23 所示，图书销售表.DBF 如图 7-24 所示。

图 7-23　图书库存表的数据

图 7-24　图书销售表的数据

下面用 SQL 语言查询上述两表中的书目编号、书名、单价、销售日期、数量、金额的字段内容。

（1）使用 SQL 语句 WHERE 条件语句查询。

设置当前磁盘路径。在命令窗口中输入命令：

SET DEFAULT TO　D：\ VFP 实验

在命令窗口输入命令：

SELECT　图书库存表.书目编号，图书库存表.书名，图书库存表.单价，；
图书销售表.销售日期，图书销售表.数量 FROM　图书库存表，图书销售表；
WHERE　图书库存表.书目编号 = 图书销售表.书目编号

查询结果如图 7-25 所示。

书目编号	书名	单价	销售日期	数量
A103	Visual FoxPro应用教程	28.00	06/10/06	50
A102	Visual FoxPro程序设计基础	30.00	06/10/06	100
B001	计算机基础及应用教程	35.00	06/10/06	50
C001	计算机网络	35.00	06/10/06	12
A103	Visual FoxPro应用教程	28.00	06/10/06	20
A201	Visual Basic程序设计	29.00	06/10/06	100
A102	Visual FoxPro程序设计基础	30.00	06/11/06	120
B001	计算机基础及应用教程	35.00	06/11/06	20
C001	计算机网络	35.00	06/11/06	30
B003	计算机应用教程	36.00	06/11/06	60
C001	计算机网络	35.00	06/11/06	10
A102	Visual FoxPro程序设计基础	30.00	06/12/06	62
B001	计算机基础及应用教程	35.00	06/12/06	100
A201	Visual Basic程序设计	29.00	06/12/06	20
B003	计算机应用教程	36.00	06/12/06	80

图 7－25　查询结果

（2）使用 SQL 内部联接条件语句查询。

在命令窗口中输入命令：

SELECT　图书库存表.书目编号，图书库存表.书名，图书库存表.单价，;
图书销售表.销售日期，图书销售表.数量;
FROM　图书库存表 JOIN　图书销售表;
ON　图书库存表.书目编号＝图书销售表.书目编号

查询结果如图 7－26 所示。

书目编号	书名	单价	销售日期	数量
A103	Visual FoxPro应用教程	28.00	06/10/06	50
A102	Visual FoxPro程序设计基础	30.00	06/10/06	100
B001	计算机基础及应用教程	35.00	06/10/06	50
C001	计算机网络	35.00	06/10/06	12
A103	Visual FoxPro应用教程	28.00	06/10/06	20
A201	Visual Basic程序设计	29.00	06/10/06	100
A102	Visual FoxPro程序设计基础	30.00	06/11/06	120
B001	计算机基础及应用教程	35.00	06/11/06	20
C001	计算机网络	35.00	06/11/06	30
B003	计算机应用教程	36.00	06/11/06	60
C001	计算机网络	35.00	06/11/06	10
A102	Visual FoxPro程序设计基础	30.00	06/12/06	62
B001	计算机基础及应用教程	35.00	06/12/06	100
A201	Visual Basic程序设计	29.00	06/12/06	20
B003	计算机应用教程	36.00	06/12/06	80

图 7－26　查询结果

（3）使用 SQL 左联接条件语句查询。

在命令窗口中输入命令：

SELECT　图书库存表.书目编号，图书库存表.书名，图书库存表.单价，;
图书销售表.销售日期，图书销售表.数量;
FROM　图书库存表 LEFT　JOIN　图书销售表;
ON　图书库存表.书目编号＝图书销售表.书目编号

查询结果如图 7－27 所示。

查询

书目编号	书名	单价	销售日期	数量
A001	C++面向对象程序设计	26.00	.NULL.	.NULL.
A101	Visual FoxPro程序设计	26.00	.NULL.	.NULL.
A102	Visual FoxPro程序设计基础	30.00	06/10/06	100
A102	Visual FoxPro程序设计基础	30.00	06/11/06	120
A102	Visual FoxPro程序设计基础	30.00	06/12/06	62
A103	Visual FoxPro应用教程	28.00	06/10/06	50
A103	Visual FoxPro应用教程	28.00	06/10/06	20
A201	Visual Basic程序设计	29.00	06/10/06	100
A201	Visual Basic程序设计	29.00	06/12/06	20
B003	计算机应用教程	36.00	06/11/06	60
B003	计算机应用教程	36.00	06/12/06	80
C001	计算机网络	35.00	06/10/06	12
C001	计算机网络	35.00	06/11/06	30
C001	计算机网络	35.00	06/11/06	10
B001	计算机基础及应用教程	35.00	06/10/06	50
B001	计算机基础及应用教程	35.00	06/11/06	20
B001	计算机基础及应用教程	35.00	06/12/06	100

图 7－27　查询结果

(4) 使用 SQL 右联接条件语句查询。

在命令窗口中输入命令：

SELECT　图书库存表.书目编号，图书库存表.书名，图书库存表.单价，;
图书销售表.销售日期，图书销售表.数量;
FROM　图书库存表 RIGHT　JOIN　图书销售表;
ON　图书库存表.书目编号 = 图书销售表.书目编号

查询结果如图 7－28 所示。

查询

书目编号	书名	单价	销售日期	数量
A103	Visual FoxPro应用教程	28.00	06/10/06	50
A102	Visual FoxPro程序设计基础	30.00	06/10/06	100
.NULL.	.NULL.	.NULL.	06/10/06	200
B001	计算机基础及应用教程	35.00	06/10/06	50
C001	计算机网络	35.00	06/10/06	12
A103	Visual FoxPro应用教程	28.00	06/10/06	20
A201	Visual Basic程序设计	29.00	06/10/06	100
.NULL.	.NULL.	.NULL.	06/11/00	10
A102	Visual FoxPro程序设计基础	30.00	06/11/06	120
B001	计算机基础及应用教程	35.00	06/11/06	20
C001	计算机网络	35.00	06/11/06	30
B003	计算机应用教程	36.00	06/11/06	60
.NULL.	.NULL.	.NULL.	06/11/06	3
C001	计算机网络	35.00	06/11/06	10
A102	Visual FoxPro程序设计基础	30.00	06/12/06	62
B001	计算机基础及应用教程	35.00	06/12/06	100
A201	Visual Basic程序设计	29.00	06/12/06	20
B003	计算机应用教程	36.00	06/12/06	80

图 7－28　查询结果

(5) 使用 SQL 全部联接条件语句查询。

在命令窗口中输入命令：

SELECT　图书库存表.书目编号，图书库存表.书名，图书库存表.单价，;
图书销售表.销售日期，图书销售表.数量;
FROM　图书库存表 FULL　JOIN　图书销售表;
ON　图书库存表.书目编号 = 图书销售表.书目编号

查询结果如图 7－29 所示。

图 7－29 查询结果

（6）使用 SQL 中的 JION 命令查询。

在命令窗口输入命令：

SELECT 图书库存表.书目编号，图书库存表.书名，图书库存表.单价,；

图书销售表.销售日期，图书销售表.数量，图书销售表.金额；

FROM 图书库存表 JOIN 图书销售表；

ON 图书库存表.书目编号＝图书销售表.书目编号

查询结果如图 7－30 所示。

图 7－30 查询结果

【要点提示】

使用 SQL 语句实现两表的查询操作时，必须建立两个表的联接，首先保证一个表中满足条件的元组都在结果表中，然后将满足联接条件的元组与另一个表的元组进行联接，不满足联接条件的则将来自另一个表的属性值为空值。

其中：INNER JOIN 等价与 JOIN 为普通联接，又称之内部联接。

LEFT JOIN 为左联接条件。

RIGHT JOIN 右联接条件。

FULL OIN 全部联接条件。

在 Visual FoxPro 系统中 SQL SELECT 语句的联接格式中，只能实现两个表的联接，如果要实现多个表的联接，还需要使用标准格式。

【实验 7－5】根据上面的操作，使用 SQL 语句创建“图书销售表 .DBF”的表结构、完成记录输入、修改和有关操作。进一步熟悉 SQL SELECT 语句的应用。

图书销售表 .DBF 的表结构如表 7－4 所示，数据如图 7－31 所示。

表 7－4　　图书销售表 .DBF 的结构

字段名	字段类型	字段宽度	小数位置
书目编号	字符型	4	
销售日期	日期型	8	
数量	数字型	4	
金额	数字型	10	2
部门代码	字符型	8	

图书销售表

书目编号	销售日期	数量	金额	部门代码
A103	06/10/06	20		01
A201	06/10/06	100		02
A104	06/11/00	10		03
A102	06/11/06	120		03
B001	06/11/06	20		01
C001	06/11/06	30		02
B003	06/11/06	60		01
A104	06/11/06	3		03
C001	06/11/06	10		03
A102	06/12/06	62		03
B001	06/12/06	100		03
A201	06/12/06	20		02
B003	06/12/06	80		01

图 7－31　图书销售表 .DBF 数据

完成以下的操作：

（1）按书目编号、数量查询图书销售表 .DBF 的图书销售情况。

（2）检索“06/12/06”图书销售记录。

（3）按部门代码分组检索图书销售数量。

（4）按部门代码列出“01”部门图书销售情况。

（5）将书目编号为“B001”书籍的数量增加 50 册。

8 程序设计基础

8.1 习题

一、选择题

1. 在 Visual FoxPro 系统的命令窗口下，建立和修改程序文件的命令是_____。
A）MODI FY 文件名　　　　　　　　B）CREATE 文件名
C）MODI FY STRUCTURE 文件名　　　D）MODIFY COMMAND 文件名

2. 在 Visual FoxPro 系统的命令窗口下，执行程序文件的命令是_____。
A）LOAD 文件名　　　　　　　　　B）DO 文件名
C）USE 文件名　　　　　　　　　　D）CLEAR

3. 软件是指_____。
A）程序　　　　　　　　　　　　　B）程序和文档
C）算法加数据结构　　　　　　　　D）程序、数据与相关文档的完整集合

4. 结构化程序设计的基本原则不包括_____。
A）多态性　　　B）自顶向下　　　C）模块化　　　D）逐步求精

5. 结构化程序设计的三种基本逻辑结构是_____。
A）顺序结构、选择结构、模块结构　　B）顺序结构、选择结构、循环结构
C）选择结构、模块结构、循环结构　　D）顺序结构、循环结构、模块结构

6. 执行命令"INPUT"请输入日期:" TO RQ"后，用户应在闪动光标处键入_____。
A）{^2009 − 07 − 08}　　　　　　　B）"2009 − 07 − 08"
C）2009 − 07 − 08　　　　　　　　　D）09/08/04

7. 下列叙述中正确的是_____。
A）程序设计就是编制程序
B）程序的测试必须由程序员自己去完成
C）程序经调试改错后还应进行再测试
D）程序经调试改错后不必进行再测试

8. 在每个子程序中，至少有一条_____语句能自动返回上级调用程序。
A）CLOSE　　　B）DO　　　　C）RETURN　　　D）EXIT

9. 软件调试的目的是

A）发现错误　　　　　　　　　　　　B）改正错误

C）改善软件的性能　　　　　　　　　D）验证软件的正确性

10. 下列关于建立程序的说法，正确的是_____。

A）在项目管理器中，选择"数据"选项卡中"程序"项，单击"新建文件"按钮

B）在"文件"菜单中选择"新建"命令，选择"程序"选项，再选"向导"按钮

C）通过 MODIFY COMMAND ＜文件名＞来建立程序文件

D）以上三者说法都正确

11. 在使用 INPUT 命令给内存变量输入数据时，内存变量获得的数据类型是_____。

A）数值型　　　　　　　　　　　　　B）字符型

C）日期型　　　　　　　　　　　　　D）A、B、C 三项都可以

12. 要运行一个程序，可以使用的命令是_____。

A）打开"项目管理器"，选择要运行的文件，单击"运行"按钮

B）在"程序"菜单中选择"运行"菜单项，然后在文件列表框中选择要运行程序

C）在命令窗口中键入 DO ＜程序名＞命令

D）以上三种说法均可以

13. 下列叙述中正确的是_____。

A）程序执行的效率与数据的存储结构密切相关

B）程序执行的效率只取决于程序的控制结构

C）程序执行的效率只取决于所处理的数据量

D）以上三种说法都不对

14. 如果一个过程不包含 RETURN 语句，或者 RETURN 语句中没有指定的表达式，那么该过程_____。

A）没有返回值　　B）返回 0　　　　C）返回 .T.　　　D）返回 .F.

15. 关于分支（条件）语句 IF－ENDIF 的说法不正确的是_____。

A）IF 和 ENDIF 语句必须成对出现

B）分支语句可以嵌套，但不能交叉

C）IF 和 ENDIF 语句可以无 ELSE 子句

D）IF 和 ENDIF 语句必须有 ELSE 子句

16. 在 DO WHILE ……. ENDDO 循环结构中，EXIT 的作用是_____。

A）退出过程，返回程序开始处

B）转移 DO WHILE 语句行，开始下一个判断和循环

C）终止程序执行

D）终止循环，将控制转移到本循环结构 ENDDO 后面的第一条语句继续

17. 在 DO WHILE－ENDDO 循环结构中，LOOP 命令的作用是_____。

A）退出过程，返回程序开始处

B）转移到 DO WHILE 语句行，开始下一个判断和循环

C）终止循环，将控制转移到本循环结构 ENDDO 后面的第一条语句继续执行

D）终止程序执行

18. 将内存变量定义为全局变量的 Visual FoxPro 命令是_____。

A）LOCAL   B）PRIVATE   C）PUBLIC   D）GLOBAL

19. 在 Visual FoxPro 中，如果希望一个内存变量只限于在本过程中使用，说明这种内存变量的命令是_____。

A）PRIVATE

B）PUBLIC

C）LOCAL

D）在程序中直接使用的内存变量（不通过 A、B、C 说明）

20. 有如下程序：

CLEAR

S = 1

DO WHILE S < 50

S = S * 3

　　?? S

ENDDO

　RETURN

程序的结果是_____。

A）1　3　9　27   B）3　9　27

C）1　3　9　27　81   D）3　9　27　81

21. 有如下程序：

CLEAR

A = 55

B = 60

DO WHILE B > = A

　　B = B − 1

ENDDO

? B

RETURN

执行该程序时，要执行_____次循环。

A）55   B）6   C）60   D）5

22. 有如下程序：

* 主程序 ma.PRG

CLEAR

STORE 2 TO X1，X2，X3

X1 = X1 + 1

```
DO S1
? X1 + X2 + X3
RETURN
* 子程序：S1.PRG
PROCEDURE   S1
X2 = X2 + 1
DO S2
? X1 + X2 + X3
RETURN
ENDPROC
 * 子程序 S2.PRG
PROCEDURE   S2
X3 = X3 + 1
RETURN TO MASTER
ENDPROC
```

当运行 MA.PRG 主程序后，屏幕显示的结果为_____。

A）9 　　　　　　　B）5 　　　　　　　C）8 　　　　　　　D）4

23. 有如下程序：

```
 * 主程序名：MAIN.PRG
SET PROCEDURE TO ABC
CLEAR
S = 2
DO A1
DO B1
DO C1
? "S = " + STR （S, 3）
SET PROCEDURE TO
RETURN
 * 过程文件：ABC.PRG
PROCEDURE A1
S = S + 1
RETURN
PROCEDURE B1
S = S * S
RETURN
PROCEDURE C
DO A1
S = S * S + 1
RETURN
```

执行以下程序后，? 命令显示的结果是_____。

A）S = 100   B）S = 98   C）S = 99   D）S = 101

24. 关于属性、方法和事件的叙述，下面错误的是_____。

A）属性用于描述对象的状态、方法用于表示对象的行为

B）基于同一类的两个对象可以分别设置自己的属性值

C）事件代码也可以像方法一样被显示调用

D）在新建一个表单时，可以添加新的属性、方法和事件

25. 下列关于类的叙述中，错误的是_____。

A）方法定义在类中，但是定义类的主体是对象

B）在同一个类上定义的对象采用相同的属性来表示状态，所以在属性上的取值也必须相同

C）类是对一类相似对象的性质描述，这些对象具有系统的性质，基于类可以生成该类对象的任何一个对象

D）每个对象都有一定的状态和自己的行为

26. 在下列关于面向对象数据库的叙述中，不正确的是_____。

A）事件作用于对象，对象识别事件并做出相应反应

B）一个子类能够继承其所有父类的属性和方法

C）一个父类包括其子类的所有属性和方法

D）每个对象在系统中都有唯一的对象标识

27. 下列关于 Visual Foxpro 特点的描述中，不正确的是_____。

A）支持 SQL 语言的使用

B）不支持面向对象的程序设计

C）可用项目管理器统一管理工作

D）采用可视化编程技术

28. 在数据库技术中，面向对象数据模型是一种_____。

A）概念模型   B）结构模型   C）物理模型   D）形象模型

29. 设置对象的属性不用定义_____。

A）对象名   B）属性名   C）属性值   D）代码

30. 以下是容器类的是_____。

A）timer   B）command   C）form   D）label

二、填空题

1. 系统默认程序文件扩展名是_____。

2. 程序输入完语句后，按_____组合键将程序存盘，并返回到命令窗口。

3. 编辑、修改程序文件的命令_____。

4. 清除屏幕上的内容的命令_____。

5. 在编写程序中，程序中语句按照任务执行顺序逐条书写命令，这属于_____结构。

6. 在编写程序中，根据多条件要求书写命令，这属于_____结构。

7. 在编写程序中，按照任务的多重条件，选择执行不同的命令语句，应该选择_____语句实现。

8. 在 DO WHILE – ENDDO 循环语句中，用短语_____转回 DO WHILE 处重新判断条件，用短语_____结束该语句的执行，转去执行 ENDDO 后面的语句。

9. 循环结构就是由_____控制循环体是否重复执行的一种语句结构_____。

10. 从子程序返回到调用程序的下一个语句执行或者返回命令窗口，应使用的命令是_____。

11. 调用过程时，首先应打开包含被调用过程的过程文件。打开过程文件的命令是_____。

12. 下面程序段的输出结果是_____。

```
CLEAR
I = 1
DO WHILE I < 10
    I = I + 3
ENDDO
? I
RETURN
```

13. 读程序，说明下面程序的功能是_____。

```
CLEAR
N = 1
S = 0
DO WHILE N < = 5
    S = S + N * N
    N = N + 1
ENDDO
? "S = ", S
RETURN
```

14. 从键盘上输入任意 10 个数，将最大数显示出来。请将程序补充完整。

程序如下：

```
CLEAR
INPUT "输入第一个数:"  TO X
M = X
FOR  I = 2  TO  10
    INPUT "输入下一个数:"  TO X
    _____
ENDFOR
? M
RETURN
```

15. 有下面的程序段：

```
CLEAR
I = 0
DO WHILE I < 10
    IF INT（I/2）= I/2
        ? "W"
    ELSE
        ? "T"
    ENDIF
    I = I + 1
ENDDO
RETURN
```

程序执行结果为连续显示字母"W"、"T"_____次。

16. 在面向对象程序设计中，构成程序的基本单位和运行实体是_____。

17. 对一组对象的属性和行为特征的抽象描述，或者说是具有共同属性、共同操作性质的对象的集合称为_____。

18. 建立类可以在类设计器中完成，也可以通过_____创建类。

19. 方法是附属于对象的_____和_____。

20. 任何一个基类都有它的_____。

8.2 实验

一、实验目的

1. 熟悉 Visual FoxPro 系统中程序文件的建立、修改和运行方法。
2. 掌握程序文件中的常用命令语句以及输入、输出命令的使用。
3. 掌握程序文件中的顺序结构、分支结构和循环结构的设计方法。
4. 掌握程序文件中多模块程序中的过程定义和调用、参数传递、变量的作用域。
5. 熟悉面向对象程序设计的基本思想。
6. 掌握类的设计方法。
7. 掌握由编程的方法实现由类创建对象的思想。

二、实验内容

【实验 8 - 1】从键盘输入任意 10 个数，找出其中最大数和最小数。

（1）将创建的程序文件存放在"D：\ VFP 实验"的目录下面。在 Visual FoxPro 系统命令窗口中，输入如下命令：

SET DEFAULT TO   D：\ VFP 实验

（2）在 Visual FoxPro 系统中，打开"文件"菜单，选择"新建"命令或者单击 按钮，打开"新建"对话框，选中"程序"按钮，再单击"新建文件"按钮，创建"程序 1"文件，如图 8-1、图 8-2 所示。

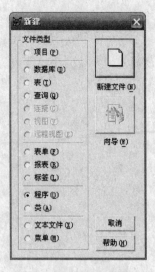

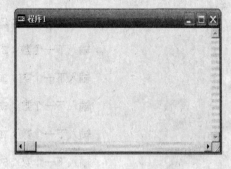

图 8-1　创建程序窗口　　　　　图 8-2　新建文件对话框

（3）在"程序1"的窗口中输入如下程序代码：

```
CLEAR
INPUT   "输入第一个数:"TO X
M = X
N = X
FOR I = 2 TO 10
    INPUT   "输入下一个数:"TO X
    M = MAX (M, X)
    N = MIN (X, N)
ENDFOR
? "最大数是:", M
? "最 X 小数是:", N
RETURN
```

（4）输入程序代码后，单击"关闭"按钮，保存程序文件到"程序1.PRG"的文件名。

（5）或者程序输入后直接单击系统窗口上 ！ 按钮，运行程序。也可以在命令窗口中输入命令"DO 程序1"运行程序。

程序运行后，屏幕窗口显示如下信息：

<pre>
            输入第一个数:12

            输入下一个数: 34

            输入下一个数: 56

            输入下一个数: 678

            输入下一个数: 31

            输入下一个数: 2

            输入下一个数: 33

            输入下一个数: 56

            输入下一个数: 76

            输入下一个数: 612

            最大数是: 678
            最小数是: 2
</pre>

【要点提示】

①程序设计离不开变量，该程序设计了两个变量，其中，M 变量用于存放最大值，N 变量用于存放最小值，首先从键盘输入第一个数，分别存入 M 和 N 的变量中。在循环控制语句中，使用求最大数 MAX（）和求最小数 MIN（）函数进行比较计算，当输入第二个数时与输入第一个数进行比较计算，将两数中的最大数存放到变量 M 中，将两数中的最小数存放在变量 N 中，依次比较计算到最后一个数，最后找出 10 个数中的最大数和最小数，并显示出来。

②为了提高程序的可读性，可以在程序的开始插入 * 或 NOTE 注释语句。该语句是非执行语句，不会影响程序的功能。

【实验 8 - 2】编写乘法九九表程序，程序名为"程序 4"，并运行结果。

（1）在 Visual FoxPro 系统中，打开"文件"菜单，选择"新建"命令，或者单击 按钮，打开"新建"对话框，选中"程序"按钮，再单击"新建文件"按钮，创建"程序 4"文件，并在"程序 4"的窗口中输入程序代码，程序代码如下：

```
CLEAR
FOR A =1 TO 9
    FOR B =1 TO A
        C = A * B
        ?? STR（B，1）+ " * " + STR（A，1）+ " = " + STR（C，2）+ "   "
    ENDFOR
    ?
    ?
ENDFOR
```

RETURN

（2）输入程序代码后，单击"关闭"按钮，保存程序文件到"程序4.PRG"文件中。

（3）或者程序输入后直接单击系统窗口上！按钮，运行程序。也可以在命令窗口中输入命令"DO 程序4"，运行程序。

程序运行后，屏幕窗口显示如下信息：

```
1*1= 1

1*2= 2   2*2= 4

1*3= 3   2*3= 6   3*3= 9

1*4= 4   2*4= 8   3*4=12   4*4=16

1*5= 5   2*5=10   3*5=15   4*5=20   5*5=25

1*6= 6   2*6=12   3*6=18   4*6=24   5*6=30   6*6=36

1*7= 7   2*7=14   3*7=21   4*7=28   5*7=35   6*7=42   7*7=49

1*8= 8   2*8=16   3*8=24   4*8=32   5*8=40   6*8=48   7*8=56   8*8=64

1*9= 9   2*9=18   3*9=27   4*9=36   5*9=45   6*9=54   7*9=63   8*9=72   9*9=81
```

【要点提示】

该程序采用多重循环结构设计。首先判断FOR……ENDFOR外循环语句条件是否为真，如果为真，进入内循环，又判断内循环FOR……ENDFOR循环语句条件是否为真，如果为真，执行内循环中的语句，当内循环的条件循环的条件为假时，则返回到外循环，判断外循环的条件是否为真，当外循环的条件为真时，又进入内循环……，当外循环的条件为假时，退出循环。

【实验8-3】编写3~100之间的所有素数程序，并运行结果。素数是指除1以外，只能被1和它本身整除的自然数。

（1）在Visual FoxPro系统中，打开"文件"菜单，选择"新建"命令，或者单击⬚按钮，打开"新建"对话框，选中"程序"按钮，再单击"新建文件"按钮，创建"程序6"文件，并在"程序6"的窗口中输入程序代码。程序代码如下：

```
CLEAR

L =0

FOR X =3 TO 100

    FOR I =2 TO X -1

        IF MOD (X, I) =0

            EXIT

        ENDIF

        IF I > = X -1

            IF L/5 = INT (L/5)
```

```
            ? X
        ELSE
            ?? X
        ENDIF
        L = L + 1
    ENDIF
ENDFOR
ENDFOR
RETURN
```

（2）输入程序代码后，单击"关闭"按钮，保存程序文件到"程序 6.PRG"文件中。

（3）或者程序输入后直接单击系统窗口上 ▮ 按钮，运行程序。也可以在命令窗口中输入命令"DO 程序 6"，运行程序。

程序运行后，屏幕窗口显示如下信息：

```
    3           5           7          11          13
   17          19          23          29          31
   37          41          43          47          53
   59          61          67          71          73
   79          83          89          97
```

【要点提示】

该程序判断一个数 M 是否是素数，最直观的方法是：用 M 依次除以 3 到 M 的算数平方根之间的所有奇数，若均不能被整除，则 M 即为素数；否则，M 不是素数。L 变量用于控制每行输出 5 个数据。

【实验 8-4】据要求编程。从键盘上输入 10 个任意的数，并将 10 个数按从大到小的顺序输出。

（1）在 Visual FoxPro 系统中，打开"文件"菜单，选择"新建"命令，或者单击 ▯ 按钮，打开"新建"对话框，选中"程序"按钮，再单击"新建文件"按钮，创建"程序 7"文件，并在"程序 7"的窗口中输入程序代码。程序代码如下：

```
CLEAR
DIMENSION X（10）
FOR I = 1 TO 10
    X（I）= 0
    Iput "请输入数据:" to X（I）
ENDFOR
FOR I = 1 TO 10
    FOR J = I + 1 TO 10
        IF X（I）< X（J）
            T = X（I）
            X（I）= X（J）
```

```
            X （J） = T
        ENDIF
    ENDFOR
ENDFOR
FOR   I = 1 TO 10
    ？ X （I）
ENDFOR
RETURN
```

（2）输入程序代码后，单击"关闭"按钮，保存程序文件到"程序 7.PRG"文件中。

（3）或者程序输入后直接单击系统窗口上 ！按钮，运行程序。也可以在命令窗口中输入命令"DO 程序 7"，运行程序。

【要点提示】

该程序利用一维数组，存放从键盘上输入的 10 数，使用双重循环进行数的比较，用第 1 个数与后面 9 个数比较，找出最大的数，然后又将第 2 个数后面 8 个数比较，找出第二大的数，然后又将第 3 个数后面 7 个数比较，找出第三大的数……，一直比较到最后一个数，最后 10 个数按从大到小的顺序输出。

【实验 8－5】用类设计器建立一个简单的类"myclass1"，改变其属性，并为其事件编写过程代码。

（1）在 Visual Foxpro 系统主菜单下，打开"文件"菜单，单击"新建"命令，打开"新建"对话框。在"新建"对话框中，单击"类"单选按钮，如图 8－3 所示。

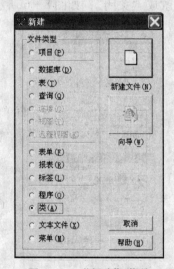

图 8－3　"新建"菜单

（2）单击"新建文件"按钮，打开"新建类"对话框。在"新建类"对话框中输入信息，如图 8－4 所示。

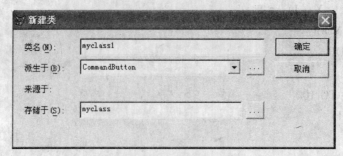

图8-4　"新类"对话框

（3）单击"确定"按钮，打开"类设计器"对话框，如图8-5所示。

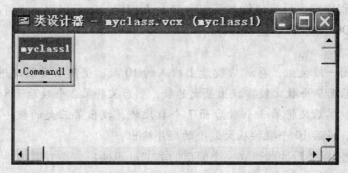

图8-5　"类设计器"对话框

（4）打开"显示"菜单，单击"属性"对话框，在"属性"对话框中把原有的 Caption 属性由"Command1"改成"关闭"，如图8-6所示。

图8-6　Caption 属性

（5）关闭"属性"对话框，如图8-7所示。

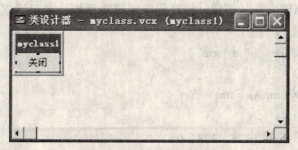

图 8 - 7　更改内容后的按钮

（6）在"显示"菜单中，选择"代码"，打开"代码编辑"对话框，选择"对象"下拉框中的"myclass1"对象，再在"过程"下拉框中选择"Click"事件，然后在"代码编辑"对话框中输入如下代码：

a = MessageBox（"你真的要退出系统吗？"，4 + 16 + 0，"对话窗口"）

If a = 6

　　　Release Thisform

Endif

（7）退出"代码编辑"对话框，保存类，结束创建类的操作。

【要点提示】

①注意步骤（2）中"派生于"的下拉框中的对象种类，了解它们的含意。

②思考用程序设计类的方法并动手自己编写一个简单的类。

【实验 8 - 6】设计名为"myform"的表单对象，对象中包含一个"关闭"命令按钮，输入并编辑代码，使单击该按钮时触发 Click 事件。

（1）在 Visual Foxpro 系统主菜单下，打开"文件"菜单，单击"新建"对话框，单击"程序"单选按钮，如图 8 - 8 所示。

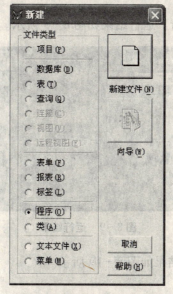

图 8 - 8　新建程序对话框

（2）单击"新建文件"按钮，打开程序编辑对话框，在对话框中输入、编辑以下代码。

```
form1 = CreateObject（"myform"）
form1. Show（1）
Define Class myform As Form
        Visible = .t.
        BackColor = rgb（128，128，0）
        Caption = "MyForm"
        Left = 20
        Top = 10
        Height = 223
        Width = 443
        Add Object comm1 As CommandButton
        Left = 300
        Top = 150
        Height = 25
        Width = 60
        Procedure comm1. Click
            a = MessageBox（"你真的要关闭表单吗?"，4 + 16 + 0,"对话窗口"）
            if a = 6
                Release Thisform
        Endif
        EndProc
EndDefine
```

（3）保存程序文件并运行。运行结果如图 8 - 9 所示。

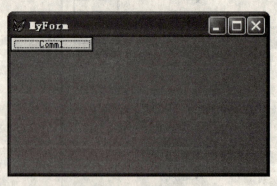

图 8 - 9 运行结果

（4）点击该按钮，显示结果如图 8 - 10 所示。

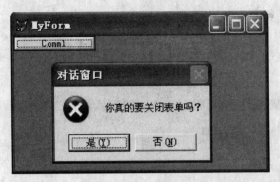

图 8 - 10　运行结果

【要点提示】

①注意由类创建对象的方法以及如何对这些对象进行操作。

②试设计更多对象并编写事件命令代码。

③思考如何将 Comm1 的标题内容改为"关闭"，并自己上机实现。

9 表单设计基础

9.1 习题

一、选择题

1. 使用_____工具栏，可以将表单上的各控件进行位置的调整与对齐。

A. 调色板　　　　B. 布局　　　　C. 表单控件　　　　D. 表单设计器

2. 表单创建中的步骤不包括_____。

A）添加控件　　B）创建数据表　　C）设置属性　　D）配置方法程序

3. 若要让表单的某个控件得到焦点，应使用的方法是_____。

A）GetFocus　　B）LostFocus　　C）SetFocus　　D）PutFocus

4. 表单的属性可以在_____中设置。

Ⅰ. 属性框　　　Ⅱ. 程序代码　　Ⅲ. 文本框　　　Ⅳ. 组合框

A）Ⅰ和Ⅱ　　　B）Ⅰ和Ⅲ　　　C）Ⅱ和Ⅲ　　　D）Ⅲ和Ⅳ

5. 如果运行一个表单，以下事件首先被触发的是_____。

A）Load　　　B）Error　　　C）Init　　　D）Click

6. 假设表单 MyForm 隐藏着，让该表单在屏幕上显示的命令是_____。

A）MyForm.List　　　　　　B）MyForm.Display

C）MyForm.Show　　　　　　D）MyForm.ShowForm

7. 关闭表单的程序代码是 ThisForm. Release，Release 是_____。

A）表单对象的标题　　　　　　B）表单对象的属性

C）表单对象的事件　　　　　　D）表单对象的方法

8. 若要重新绘制表单，应使用的方法程序是_____。

A）Draw　　　B）Refresh　　　C）Release　　　D）Clear

9. 下面关于表单数据环境的叙述中，不正确的是_____。

A）可以在数据环境中加入与表单操作有关的表

B）数据环境是表单的容器

C）可以在数据环境中建立表之间的联系

D）表单运行时自动打开其数据环境中的表

10. 在 Visual Foxpro 中，表单（Form）是指_____。

A）数据库中各个表的清单　　　　　B）一个表中各个记录的清单

C）数据库查询的列表　　　　　　　D）对话框界面

11. 下列选项中，属于容器类的是_____。

A）Label　　　　　B）Timer　　　　　C）Command　　　　D）Form

12. 以下叙述与表单数据环境有关，其中正确的是_____。

A）当表单运行时，数据环境中的表处于只读状态，只能显示，不能修改

B）当表单关闭时，不能自动关闭数据环境中的表

C）当表单运行时，自动打开数据环境中的表

D）当表单运行时，与数据环境中的表无关

13. 如果要从数据环境中移去某个表，那么_____。

A）与这个表相关的所有关系也将同时被移去

B）与这个表相关的所有关系不会被移去

C）与这个表相关的所有关系是否被移去，需要重新设置

D）以上都不对

14. 下列关于表单的叙述中，错误的是_____。

A）表单设计采用了面向对象的程序设计方法

B）表单可用于数据库信息的显示、输入和编辑

C）表单的设计是可视化的

D）表单中程序的执行是有一定顺序的

15. 在 Visual FoxPro 中，运行表单 Table1.SCX 的命令是_____。

A）DO Table1　　　　　　　　　　B）RUN FORM Table1

C）DO FORM Table1　　　　　　　D）DO FROM Table1

16. 新创建的表单默认标题为 Form1，为了修改表单的标题，应设置表单的_____。

A）Name 属性　　　　　　　　　　B）Caption 属性

C）Closable 属性　　　　　　　　　D）AlwaysOnTop 属性

17. 有关控件对象的 Click 事件的正确叙述是_____。

A）用鼠标左键双击对象时引发　　　B）用鼠标左键单击对象时引发

C）用鼠标右键单击对象时引发　　　C）用鼠标右键双击对象时引发

18. 要使标签在表单中自动居中，应使用的属性是_____。

A）Top　　　　　B）AutoSize　　　　C）AutoCenter　　　D）AlwaysOnTop

19. 设计表单的标签控件时，用来加粗字体的属性是_____。

A）FontName　　　B）FontSize　　　C）FontItalic　　　D）FontBold

20. 利用标签控件显示文字时，将文字直接赋予标签的_____属性。

A）Caption　　　　B）Value　　　　C）name　　　　D）FontSize

21. 在当前表单的标签控件 Label1 中显示系统时间的语句是_____。

A）THISFORM.LABEL1.CAPTION = TIME（）

B）THISFORM.LABEL1.VALUE = TIME（）

C）THISFORM.LABEL1.TEXT = TIME（）

D）THISFORM.LABEL1.CONTROL = TIME （）

22. 若要指定表单中文本框的数据源，应使用_____。

A）ControlSource   B）CursorSource   C）RecordSource   D）RowSource

23. 若要利用文本框接收一个数值型数据，_____。

A）应将其 Value 属性设为 0   B）应将其 Caption 属性设为 0

C）应将其 Value 属性设为" "   D）应将其 Caption 属性设为" "

24. 要在文本框中输入密码，用来指定输入密码的掩盖符的属性是_____。

A）FontName   B）FontChar   C）Name   D）PasswordChar

25. 在表单中，如果一个命令按钮 Command1 的方法程序中要引用文本框 Text1 中的 Value 属性值，下列选项中正确的语句是_____。

A）ThisForm.Text1.Value   B）This.Text1.Value

C）Com1.Text1.Value   D）This.Parent.Value

26. 单击命令按钮 Command1，能设置标签控件 Label1 的标题为"图书销售管理"的命令是_____。

A）Label1.Caption = "图书销售管理"

B）ThisForm.Command1.Caption = "图书销售管理"

C）ThisForm.Label1.Caption = "图书销售管理"

D）This.Caption = "图书销售管理"

二、填空题

1. 建立表单可以使用_____，_____，_____。

2. 在表单设计中，标签控件使用_____属性来显示文字信息。

3. 当给 1 个文本框控件输入数据时，文本框的_____属性存放数据。

4. 当需要在单击命令按钮时执行特定功能，必须为命令按钮的_____事件编写代码。

5. 为了在文本框中输入密码时只显示占位符，应该设置文本框的_____属性。

6. 为了在文本框中设置数据源，应该设置文本框的_____属性。

7. 为了在命令按钮上显示字符"确定"，应该设置其的_____属性。

8. 显示图 9 - 1 所示的对话框，需要编写的语句是_____。

图 9 - 1

9.2 实验

一、实验目的

1. 掌握用"表单向导"设计表单的方法和操作。
2. 掌握用"表单"向导设计一对多表单的方法和操作。
3. 熟悉表单中属性设置的一般方法。
4. 熟悉查看和修改表单中数据环境的方法。
5. 熟悉标签、文本框和命令按钮控件的创建以及属性设置的方法。

二、实验内容

【实验说明】

①本章的所有实验，均要设置保存文件的路径为："D：\ VFP 实验"，具体设置过程参见第五章。如果当前文件夹已经在该路径下，可以不用再设置。

②本章的实验中涉及的数据库为：图书营销 .dbc。

【实验 9 - 1】利用"表单向导"创建用于处理表"部门核算表.DBF"数据的表单。

（1）打开"文件"菜单，单击"新建"命令，打开"新建"对话框，在"新建"对话框中，选中"表单"单选按钮，单击"向导"按钮，如图 9 - 2 所示。

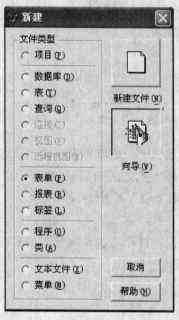

图 9 - 2 "新建"对话框

（2）在打开的"向导选取"对话框中，选择"表单向导"，如图 9 - 3 所示。

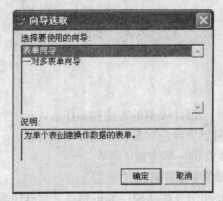

图9-3 "向导选取"对话框

（3）单击"确定"按钮，打开"表单向导"的"步骤1-字段选取"对话框，如图9-4所示。

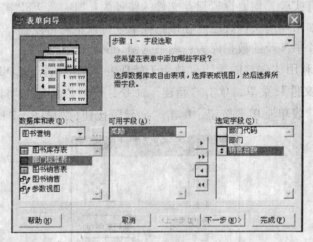

图9-4 表单向导-步骤1

（4）在"数据库和表"选项中，选取所需数据表，在"可用字段"选项中，选择表中可用字段（单击▶可将选择字段如部门代码移至"选定字段"栏中，单击▶▶将该表中全部字段移至右面"选定字段"栏中；反之亦然）。本例中选择"部门核算表"，选定字段见图9-4所示。

（5）单击"下一步"按钮，打开"表单向导"的"步骤2-选取表单样式"对话框，如图9-5所示。

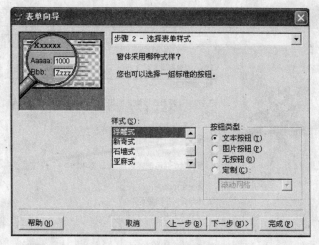

图9-5　表单向导-步骤2

（6）在"样式"中选择"浮雕式"，"按钮类型"选择"文本按钮"。单击"下一步"按钮，打开"表单向导"的"步骤3-排序次序"对话框，如图9-6所示。

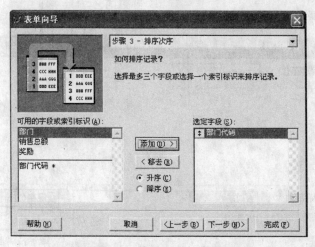

图9-6　表单向导-步骤3

（7）在"可用的字段或索引标识"栏中选择"部门代码"为排序依据，单击"添加"按钮进入"选定字段"栏，见图9-6所示。

（8）单击"下一步"按钮，打开"表单向导"的"步骤4-完成"对话框，在"请键入表单标题"栏中输入：部门核算表。选择"运行并保存表单"选项，如图9-7所示。

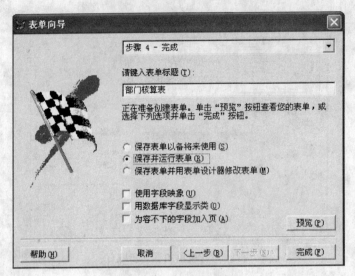

图 9-7　表单向导 - 步骤 4

（9）单击"完成"按钮，打开"另存为"对话框，在"保存表单为"栏中输入表单名，如部门核算表，如图 9-8 所示。

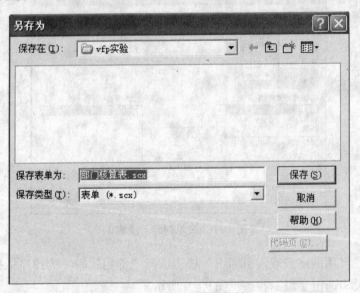

图 9-8　"另存为"对话框

（10）单击"保存"按钮，将设计好的表单保存到磁盘，稍候得到该表单的运行结果，如图 9-9 所示。

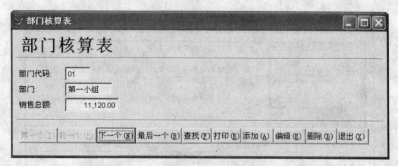

图9-9 "部门核算表"表单的运行界面

（11）单击图9-9中的"下一个"按钮，可浏览下一个记录，单击"最后一个"可浏览最后一个记录，等等。单击"退出"按钮，则结束表单的运行。

【要点提示】

在表单的"向导选取"对话框中选择"表单向导"，建立的表单只涉及一个表文件。

【实验9-2】利用"表单向导"创建一个基于"图书库存表"和"图书销售表"的一对多表单。

（1）单击常用工具栏上的"新建"按钮，打开"新建"对话框，在"新建"对话框中，选中"表单"单选按钮，单击"向导"按钮，打开"向导选取"对话框。

（2）在"向导选取"对话框中，选择"一对多表单向导"，如图9-10所示。

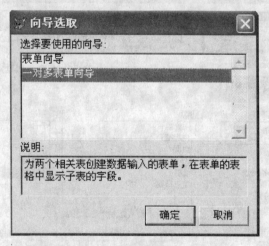

图9-10 "向导选取"对话框

（3）单击"确定"按钮，打开"一对多表单向导"的"步骤1-从父表中选定字段"对话框，如图9-11所示。

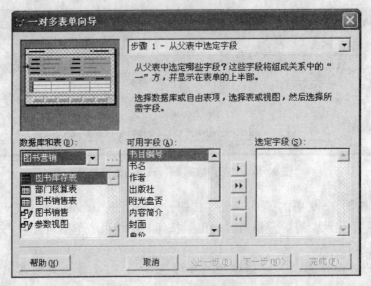

图9-11 一对多表单向导步骤1

（4）在"数据库和表（D）"列表框中单击"图书库存表"，然后分别双击"可用字段"列表框中的"书目编号"、"书名"、"作者"、"出版社"、"单价"，如图9-12所示。

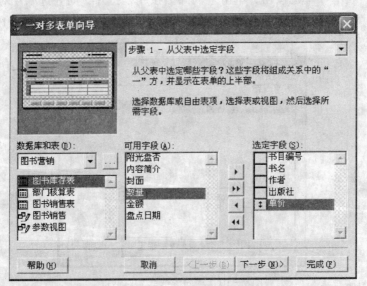

图9-12 步骤1-从父表中选定字段

（5）单击"下一步"按钮，打开"一对多表单向导"的"步骤2-从子表中选定字段"对话框，双击"图书销售表"的"书目编号"、"数量"、"金额"，如图9-13所示。

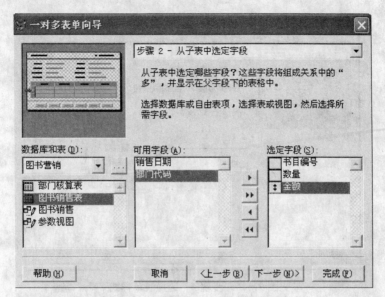

图 9-13　步骤 2-从子表中选定字段

（6）单击"下一步"按钮，打开"一对多表单向导"的"步骤 3-建立表之间的关系"对话框，如图 9-14 所示。

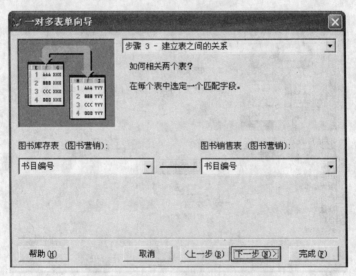

图 9-14　步骤 3-建立表之间的关系

（7）单击"下一步"按钮，打开"一对多表单向导"的"步骤 4-选择表单样式"对话框。在"样式"中选择"浮雕式"，"按钮类型"选择"文本按钮"。如图 9-15 所示。

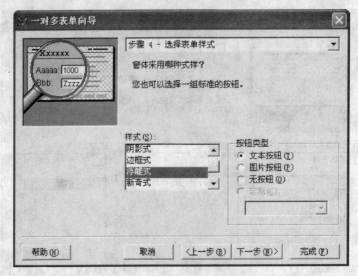

图9-15　步骤4-选择表单样式

（8）单击"下一步"按钮，打开"一对多表单向导"的"步骤5-排序次序"对话框。选择"书目编号"字段，单击"添加"按钮，选择"升序"复选框，如图9-16所示。

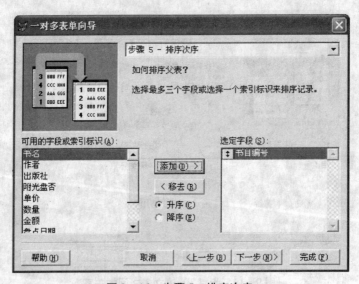

图9-16　步骤5-排序次序

（9）单击"下一步"按钮，打开"一对多表单向导"的"步骤6-完成"对话框。在"请键入表单标题"文本框中输入：库存图书销售表，选择"保存表单以备将来使用"单选框，如图9-17所示。

图9-17 步骤6-完成

（10）单击"完成"按钮，打开"另存为"对话框，在"保存表单为"文本框输入表单名：KCXS。单击"保存"按钮，完成表单的设置，系统回到命令窗口状态。

（11）打开"程序"菜单，单击"运行"命令，打开"运行"对话框，如图9-18所示。

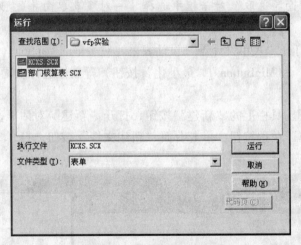

图9-18 "运行"对话框

（12）在"文件类型"下拉列表框中选择"表单"，选中"KCXS.SCX"表单文件，然后单击"运行"按钮，表单运行结果如图9-19所示。

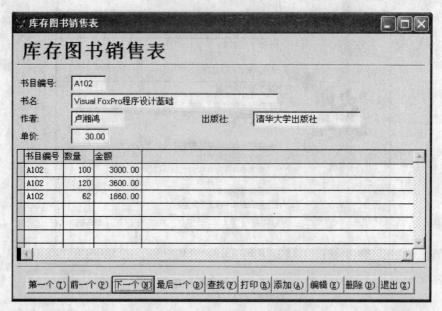

图 9 - 19   表单 KCXS 运行界面

【要点提示】

①基于"部门核算表"和"图书销售表"建立一对多表单。

②在表单的"向导选取"对话框中选择"一对多表单向导",则建立的表单涉及多个表文件。

【实验 9 - 3】打开"表单设计器"设计表单,对表单的 Caption（标题）、MaxButton（"最大化"按钮）和 MinButton（"最小化"按钮）等属性进行设置,了解属性设置的一般方法。

（1）单击常用工具栏上的"新建"按钮,打开"新建"对话框,在"新建"对话框中,选中"表单"单选按钮,单击右面"新建文件"按钮,打开"表单设计器"窗口,如图 9 - 20 所示。

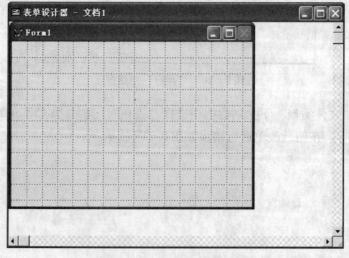

图 9 - 20   "表单设计器"窗口

（2）在"表单设计器－文档1"中，右击表单"Form1"，在弹出的快捷菜单中选择"属性"命令，打开属性窗口，如图9－21和图9－22所示。

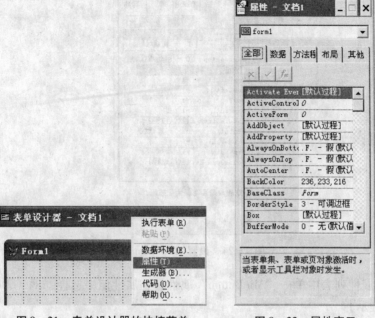

图9－21　表单设计器的快捷菜单　　　　图9－22　属性窗口

（3）在属性列表中单击"Caption"属性，在文本框中输入标题：我的表单。如图9－23所示。

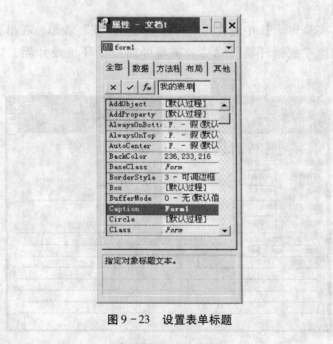

图9－23　设置表单标题

（4）在属性列表中单击"MaxButton"属性，在属性值中选择：.F.（用户也可双击改变该属性）。如图9－24所示。

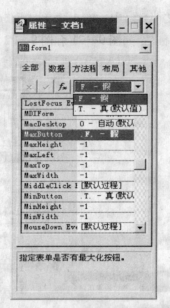

图 9-24 设置 MaxButton 属性

（5）在属性列表中单击"MinButton"属性，在属性值中选择：.F.。

【要点提示】

注意区别对象的 Name 属性与 Caption 属性。Name 属性是指对象的名称，每一个对象都有 Name 属性；Caption 属性是指对象的标题，不是每一个对象都有 Caption 属性。

【实验 9-4】利用【实验 9-2】中完成的"库存图书销售表"表单，查看和修改表单的数据环境。

（1）打开【实验 9-2】中完成的"库存图书销售表"表单，右击表单，在弹出的快捷菜单中，选择"数据环境"命令，屏幕弹出数据环境设计器，如图 9-25、图 9-26 所示。

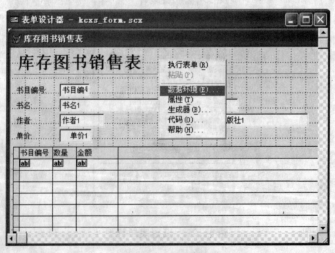

图 9-25 快捷菜单

图 9 – 26　数据环境对话框

（2）鼠标右击"数据环境设计器"，弹出快捷菜单，选择"添加"命令，如图 9 – 27 所示。

图 9 – 27　快捷菜单中选择"添加"命令

（3）打开"添加表或视图"对话框，在"数据库"下拉菜单中选择"图书营销"，在"数据库中的表"选项中选择"部门核算表"，如图 9 – 28 所示。

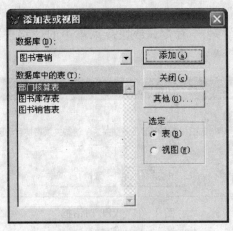

图 9 – 28　添加"部门核算表"

（4）单击"添加"按钮，再单击"关闭"按钮，关闭"添加表或视图"对话框。此时数据环境设计器中已经添加了"部门核算表"，如图 9 – 29 所示。

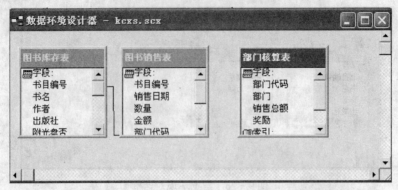

图9-29 添加"部门核算表"后的数据环境设计器

（5）可以为"部门核算表"与"图书销售表"之间建立连线，方法是鼠标左键按下"图书销售表"的"部门代码"字段不松开，拖曳到"部门核算表"的索引"部门代码"上，再松开鼠标。此时，在这两个表之间将出现一条连线，如图9-30所示。

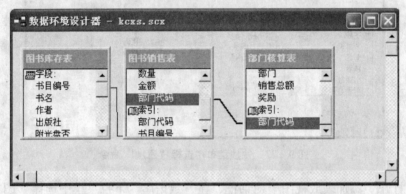

图9-30 为"图书销售表"和"部门核算表"建立连线

（6）从"数据环境"中移去"部门核算表"表。选中"部门核算表"，可选择"数据环境"菜单中的"移去"命令，或快捷菜单中的"移去"命令，弹出 VFP 对话框，如图9-31所示。

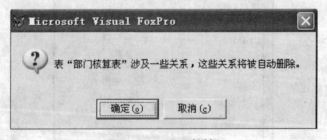

图9-31 VFP 对话框

（7）单击"确定"按钮，可将该表从数据环境中移去。单击"数据环境"窗口右上角的"×"按钮，关闭"数据环境"对话框。

【要点提示】

①如果表间没有建立连线，则直接将表移出数据环境窗口。

②请思考查看和编辑表单的数据环境的方法有哪几种。

③添加和移去不同的表，熟悉编辑数据环境的方法。

【实验9-5】设计一个利用"标签"控件显示日期的表单。表单运行结果显示如图9-32所示。

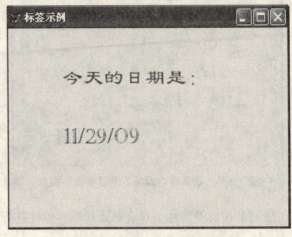

图9-32　表单运行时界面

（1）单击常用工具栏上的"新建"按钮，打开"新建"对话框，在"新建"对话框中，选中"表单"单选按钮，单击右面"新建文件"按钮，打开"表单设计器－文档1"窗口。

（2）再打开"属性"窗口，在属性列表中单击"Caption"属性，在文本框中输入标题：标签示例。如图9-33所示。

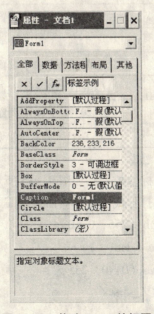

图9-33　修改 Form1 的标题

（3）单击 ✓ 按钮或直接按回车键，Form1 的标题已经更改。

（4）单击"表单控件"工具栏上的"A标签"控件按钮，在表单的合适位置上拖放或单击，添加2个标签控件，如图9-34所示。

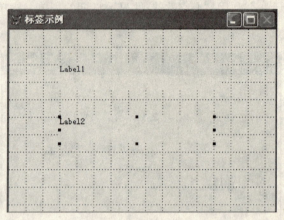

图9-34　在表单中添加2个"标签"控件

（5）按照表9-1所列的控件及属性值对表单及其标签控件进行设置。

表9-1　　　　　　　　　　　　　表单及控件主要属性设置和说明

对象名	属性名	属性值	说明
Form1	Caption	标签示例	设置表单标题
Label1	Caption	今天的日期是：	设置标签1的标题
Label1	FontName	隶书	设置字体
Label1	FontSize	20	设置字号大小
Label1	ForeColor	0，0，0	设置文字的颜色（黑）
Label1	AutoSize	.T.	自动调整标签与字的大小一致
Label2	Caption	Label2	设置标签2的标题
Label2	FontName	Castellar	设置字体
Label2	FontSize	20	设置字号大小
Label2	AutoSize	.T.	自动调整标签与字的大小一致

（6）设置属性后的表单及标签控件，如图9-35所示。

（7）双击表单的空白处，打开代码编辑对话框，编写表单的 Init 事件代码：

thisform.Label1.forecolor = rgb（255，0，0）

thisform.label2.caption = dtoc（date（））

thisform.Label2.forecolor = rgb（0，0，255）

（8）将表单保存为"实验9_5.scx"。

【要点提示】

①属性的设置可以在属性窗口中设置，也可以在表单运行时设置。

②在运行时设置或修改属性值，其格式为：

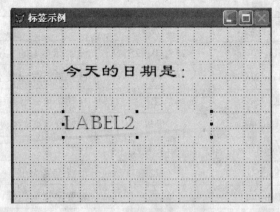

图 9-35 设置属性后的表单

对象的引用.属性 = 属性取值，还应该指出该对象的容器对象，并以"."连接。如本例中：

thisform.Label1.forecolor = rgb (255, 0, 0)，thisform 即为 Label1 的容器对象。

【实验9-6】设计一个"标签"的应用示例表单，着重练习设置字符的相关属性。表单运行结果如图9-36所示。

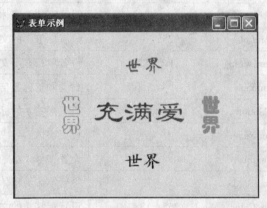

图 9-36 "标签"应用示例运行结果

(1) 新建表单"表单设计器-文档2"，在表单的适当位置添加5个标签，并按表9-2设置表单及标签的属性值。

表9-2　　　　　　　　　　　　　表单及控件主要属性设置和说明

对象名	属性名	属性值	说明
Form1	Caption	标签示例	设置表单标题
Label1	Caption	世界	设置标签1的标题
Label1	FontName	华文新魏	设置字体
Label1	FontSize	22	设置字号大小
Label1	FontBold	.T.	设置字体为粗体

表9-2(续)

对象名	属性名	属性值	说明
Label1	ForeColor	255, 0, 255	设置标签1的文字颜色
Label1	WordWrap	.F.（默认）	设置单行显示文本
Label1	AutoSize	.T.	自动调整标签与字的大小一致
Label2	Caption	世界	设置标签2的标题
Label2	FontName	华文彩云	设置字体
Label2	FontSize	22	设置字号大小
Label2	FontBold	.T.	设置字体为粗体
Label2	ForeColor	0, 255, 64	设置标签2的文字颜色
Label2	WordWrap	.T.	设置多行显示文本
Label2	AutoSize	.T.	自动调整标签与字的大小一致
Label3	Caption	充满爱	设置标签3的标题
Label3	FontName	隶书	设置字体
Label3	FontSize	36	设置字号大小
Label3	FontBold	.T.	设置字体为粗体
Label3	ForeColor	255, 0, 0	设置标签3的文字颜色
Label3	WordWrap	.F.（默认）	设置单行显示文本
Label3	AutoSize	.T.	自动调整标签与字的大小一致
Label4	Caption	世界	设置标签4的标题
Label4	FontName	华文琥珀	设置字体
Label4	FontSize	22	设置字号大小
Label4	FontBold	.T.	设置字体为粗体
Label4	ForeColor	255, 128, 0	设置标签4的文字颜色
Label4	WordWrap	.T.	设置多行显示文本
Label4	AutoSize	.T.	自动调整标签与字的大小一致
Label5	Caption	世界	设置标签5的标题
Label5	FontName	华文楷体	设置字体
Label5	FontSize	22	设置字号大小
Label5	FontBold	.T.	设置字体为粗体
Label5	ForeColor	0, 0, 255	设置标签5的文字颜色
Label5	WordWrap	.F.（默认）	设置单行显示文本
Label5	AutoSize	.T.	自动调整标签与字的大小一致

表单设计完成后如图9-37所示。

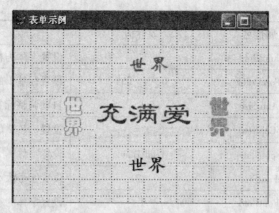

图9-37 表单设计结果

（2）将表单保存为"实验9_6.scx"，并运行表单。

【实验9-7】设计"文本框"应用示例的表单，当表单运行时，标签及文本框中将显示鼠标的坐标值。鼠标移动时，可显示鼠标位于某一位置时的运行结果。表单的显示如图9-38所示。

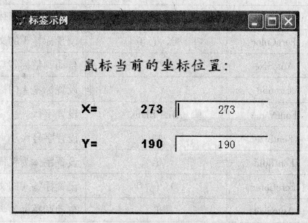

图9-38 鼠标移动时表单的界面之一

（1）新建表单"表单设计器-文档1"，在表单的适当位置添加5个标签和两个文本框，并按表9-3设置表单及控件的属性值。

表9-3　　　　　　　　　表单及控件主要属性设置和说明

对象名	属性名	属性值	说明
Form1	Caption	标签示例	设置表单标题
Form1	Height	252	设置表单的高度
Form1	Width	400	设置表单的宽度
Label1	Caption	鼠标当前的坐标位置：	设置标签1的标题
Label1	FontName	华文楷体	设置字体
Label1	FontSize	16	设置字号大小

对象名	属性名	属性值	说明
Label1	FontBold	.T.	设置字体为粗体
Label1	ForeColor	0，0，255	设置标签1的文字颜色
Label1	AutoSize	.T.	自动调整标签与字的大小一致
Label2	Caption	X =	设置标签2的标题
Label2	FontName	Arial Blank	设置字体
Label2	FontSize	12	设置字号大小
Label2	FontBold	.T.	设置字体为粗体
Label2	ForeColor	0，0，0	设置标签2的文字颜色
Label2	AutoSize	.T.	自动调整标签与字的大小一致
Label3	Caption	Label3	设置标签3的标题
Label3	FontName	Arial Blank	设置字体
Label3	FontSize	12	设置字号大小
Label3	FontBold	.T.	设置字体为粗体
Label3	ForeColor	0，0，0	设置标签3的文字颜色
Label3	AutoSize	.T.	自动调整标签与字的大小一致
Label4	Caption	Y =	设置标签4的标题
Label4	FontName	Arial Blank	设置字体
Label4	FontSize	12	设置字号大小
Label4	FontBold	.T.	设置字体为粗体
Label4	ForeColor	0，0，0	设置标签4的文字颜色
Label4	AutoSize	.T.	自动调整标签与字的大小一致
Label5	Caption	Label5	设置标签5的标题
Label5	FontName	Arial Blank	设置字体
Label5	FontSize	12	设置字号大小
Label5	FontBold	.T.	设置字体为粗体
Label5	ForeColor	0，0，0	设置标签5的文字颜色
Label5	AutoSize	.T.	自动调整标签与字的大小一致
Text1	FontSize	12	设置文本框1的输出字符大小
Text2	FontSize	12	设置文本框2的输出字符大小

表单设计完成后如图9－39所示。

（2）打开代码编辑窗口，为表单的 MouseMove 事件添加代码：

LPARAMETERS nButton，nShift，nXCoord，nYCoord

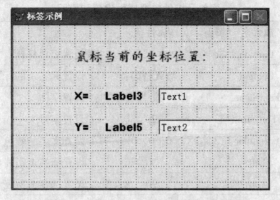

图 9-39   实验 9-7 的表单设计器窗口

This.Label3.Caption = str （nXCoord）

This.Label5.Caption = str （nYCoord）

This.Text1.Value = str （nXCoord）

This.Text2.Value = str （nYCoord）

（3）将表单保存为"实验 9_7.scx"，并运行表单。

【要点提示】

当用户在表单上移动鼠标时，触发表单的 MouseMove 事件，该事件传递四个参数，其中 nXCoord，nYCoord 返回鼠标在表单中的 X 坐标和 Y 坐标（数值型的像素数）。

【实验 9-8】设计一个利用"文本框"接受密码的表单。表单运行结果如图 9-40 所示。

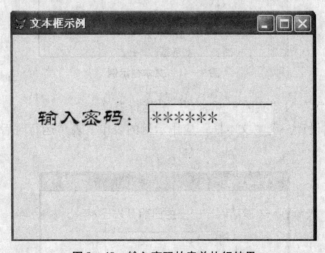

图 9-40   输入密码的表单执行结果

（1）新建表单"表单设计器-文档 2"，在表单的适当位置添加 1 个标签，1 个文本框，并按表 9-4 的参数设置表单及控件的属性值。

表9-4   表单及控件主要属性设置和说明

对象名	属性名	属性值	说明
Form1	Caption	文本框示例	设置表单标题
Label1	Caption	输入密码：	设置标签1的标题
Label1	FontName	隶书	设置字体
Label1	FontSize	20	设置字号大小
Label1	ForeColor	0，0，0	设置文字的颜色
Label1	Left	30	设置标签1距表单左边界的距离
Label1	Top	90	设置标签1距表单上边界的距离
Label1	AutoSize	.T.	自动调整标签与字的大小一致
Text1	FontSize	20	设置字号大小
Text1	PasswordChar	*	设置文本框输入的字符用"*"隐藏

表单设计完成后如图9-41所示。

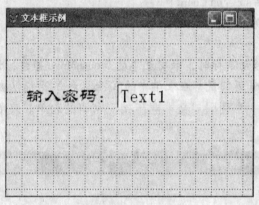

图9-41　文本框示例

（2）将表单保存为"实验9_8.scx"，并运行表单。

【实验9-9】设计一个"文本框"应用示例的表单。表单运行时后界面如图9-42所示。

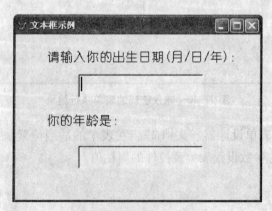

图9-42　表单运行界面

当在文本框中输入"日期"，系统可以进行校验。例如，在"请输入你的出生日期（月/日/年）"文本框中输入：1/1/2200，并按回车键，结果如图9-43所示。

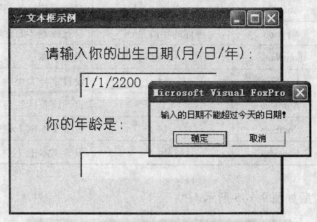

图9-43　文本框中输入了无效日期

如果将输入日期修改为：1/1/1999，并按回车键，系统能计算出"年龄"，结果如图9-44所示。

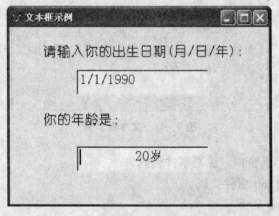

图9-44　日期输入正确后的运行结果

（1）新建表单"表单设计器-文档1"，在表单的适当位置添加2个标签，2个文本框，调整控件在表单上的位置。

（2）按表9-5的参数设置表单及控件的属性值。

表9-5　　　　　　　　　　　　　表单及控件主要属性设置和说明

对象名	属性名	属性值	说明
Form1	Caption	文本框示例	设置表单标题
Label1	Caption	请输入你的出生日期：	设置标签1的标题
Label1	FontName	幼圆	设置字体
Label1	FontSize	14	设置字号大小

表9-5(续)

对象名	属性名	属性值	说明
Label1	AutoSize	.T.	自动调整标签与字的大小一致
Label2	Caption	你的年龄是：	设置标签2的标题
Label2	FontName	幼圆	设置字体
Label2	FontSize	14	设置字号大小
Label2	AutoSize	.T.	自动调整标签与字的大小一致
Text1	FontSize	14	设置文本框1中文字的字号大小
Text2	FontSize	14	设置文本框2中文字的字号大小

表单设计完成后如图9-45所示。

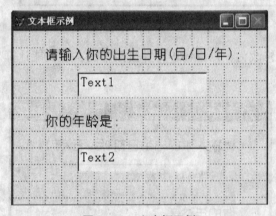

图9-45 文本框示例

(3) 打开代码编辑窗口，编写事件代码。

①表单 Form1 的 Init 事件代码：

thisform.text1.value = " "

thisform.text2.value = " "

thisform.text1.setfocus

②文本框 Text1 的 Valid 事件代码：

if ctod（this.value）＞date（）

　　= messagebox（"输入的日期不能超过今天的日期!"，1）

　　return .f.

endif

③文本框 Text1 的 LostFocus 事件代码：

thisform.text2.value = str（int（（date（）－ctod（thisform.text1.value））/360））+"岁"

(4) 将表单保存为"实验9_9.scx"，并运行表单。

【实验9-10】设计"命令按钮"应用示例表单。表单运行结果如图9-46所示。

单击"显示"或"隐藏"按钮，可以显示或隐藏表单上的文字。

图 9-46   "命令按钮"应用示例表单运行结果

（1）新建表单"表单设计器-文档1"，在表单的适当位置添加1个标签，1个文本框，调整控件在表单上的位置。

（2）按表9-6的参数设置表单及控件的属性值。

表9-6   表单及控件主要属性设置和说明

对象名	属性名	属性值	说明
Form1	Caption	按钮示例	设置表单标题
Label1	Caption	Visual FoxPro 程序设计	设置标签1的标题
Label1	FontName	华文彩云	设置字体
Label1	FontSize	20	设置字号大小
Label1	ForeColor	0，180，180	设置文字的颜色
Label1	Left	48	设置标签1距表单左边界的距离
Label1	Top	60	设置标签1距表单上边界的距离
Label1	AutoSize	.T.	自动调整标签与字的大小一致
Command1	Caption	显示	设置按钮上显示的文字
Command1	FontName	楷体 GB2312	设置按钮上显示文字的字体
Command1	FontSize	20	设置字号大小
Command1	ForeColor	0，0，255	设置文字的颜色
Command1	Left	96	设置按钮1距表单左边界的距离
Command1	Height	38	设置按钮1高度
Command1	Top	144	设置按钮1距表单上边界的距离
Command1	Width	60	设置按钮1宽度
Command2	Caption	隐藏	设置按钮上显示的文字
Command2	FontName	隶书	设置按钮上显示文字的字体

表9-6(续)

对象名	属性名	属性值	说明
Command2	FontSize	14	设置字号大小
Command2	ForeColor	255，0，128	设置文字的颜色
Command2	Left	316	设置按钮1距表单左边界的距离
Command2	Height	38	设置按钮1高度
Command2	Top	144	设置按钮1距表单上边界的距离
Command2	Width	60	设置按钮1宽度

表单设计完成后结果如9-47图所示。

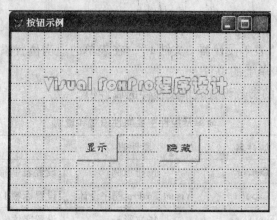

图9-47 "命令按钮"应用示例表单设计

（3）打开代码编辑窗口，为以下事件添加代码。

①表单 Form1 的 Init 事件代码：

ThisForm.Label1.Visible = .F.

ThisForm.Command1.Enabled = .T.

ThisForm.Command2.Enabled = .F.

②命令按钮 Command1 的 Click 事件代码：

ThisForm.Label1.Visible = .T.

ThisForm.Command1.Enabled = .F.

ThisForm.Command2.Enabled = .T.

③命令按钮 Command2 的 Click 事件代码：

ThisForm.Label1.Visible = .F.

ThisForm.Command1.Enabled = .T.

ThisForm.Command2.Enabled = .F.

（4）将表单保存为"实验9_10.scx"，并运行表单。

10 高级表单设计

10.1 习题

一、选择题

1. 在 Visual Foxpro 中，为了将表单从内存中释放（清除），可将表单中退出命令按钮的 Click 事件代码设置为_____。

    A）ThisForm.Refresh   B）ThisForm.Delete

    C）ThisForm.Hide   D）ThisForm.Release

2. 假设表单上有一选项组：$\boxed{⊙男\quad ○女}$，如果选择第二个按钮"女"，则该选项组 Value 属性的值为_____。

    A）.F.   B）女   C）2   D）1

3. 假设表单上有 1 个文本框 Text1 和 1 个选项组 Optiongroup1：

$$○A\quad ○B\quad ⊙C\quad ○D$$

如果选择第 3 个按钮"C"，则该选项组 Value 属性的值为_____。

    A）1   B）2   C）3   D）4

4. 可以通过_____代码，将选项组 Optiongroup1 的选择结果赋给 Text1 来显示。

    A）ThisForm.Text1.Value = ThisForm.Optiongroup1

    B）ThisForm.Text1.Value = ThisForm.Optiongroup.Value

    C）ThisForm.Text1.Value = ThisForm.Optiongroup1.Value

    D）ThisForm.Text1.Value = ThisForm.Value

5. 当复选框的 Value 属性值为 2 时，代表_____。

    A）选中复选框   B）没有选中复选框

    C）复选框不能用   D）复选框可以有 2 个

6. 要显示数据表中逻辑字段的值，应使用的控件是_____。

    A）文本框   B）复选框   C）单选按钮   D）列表框

7. 如果在表单中设置有 1 个复选框 Chek1，1 个文本框 Text1 和命令按钮 Command1，并且为命令按钮的 Click 事件中编写如下代码：

    If thisform.chek1.value = 1

```
    thisform.text1.value = 100
else
    thisform.text1.value = 200
endif
```

则当选择 Chck1 并单击命令按钮 Command1 时，Text1 中将显示_____。

A) 1　　　　　　　　　B) 100　　　　　　　　C) 2　　　　　　　　　D) 200

8. 下列对编辑框 Edit 的描述中，正确的是_____。

A) 编辑框可以接受数值型数据

B) 编辑框中输入文字时，使用 Enter 键表示输入结束

C) 编辑框可以用于输入多段文本

D) 编辑框只能用于编辑备注型字段

9. 下列代码中，正确的是_____。

A) Thisform.text1.value = 1　　　　　B) Thisform.edit1.value = 1

C) Thisform.label1.caption = 1　　　　D) Thisform.command1.caption = 1

10. 如果使用列表框控件显示数据表"商品表"中的"编码"字段，以供用户选择列表项，则必须设置_____。

A) Rowsourcetype = 1 - 值；Rowsource = 编码

B) Rowsourcetype = 1 - 值；Rowsource = 商品表.编码

C) Rowsourcetype = 6 - 字段；Rowsource = 编码

D) Rowsourcetype = 6 - 字段；Rowsource = 商品表.编码

11. 下列对组合框的描述中，正确的是_____。

A) 组合框的功能和编辑框的功能相似

B) 组合框的功能和文本框的功能相似

C) 组合框可以直接显示 1 个列表供用户选择

D) 组合框平时显示 1 个选项，单击向下按钮时可显示其余项

12. 计时器控件的主要属性中，控制触发时间间隔的属性是_____。

A) top　　　　　　　　B) caption　　　　　　　C) interval　　　　　　　D) value

13. 在微调按钮的设计中，用于设置微调量的属性是_____。

A) SpinnerHighValue　　　　　　　B) Increment

C) KeyboardHighValue　　　　　　D) Value

14. 决定微调控件的最大值的属性是_____。

A) value　　　　　　　　　　　　B) keyboardhighvalue

C) keyboardlowvalue　　　　　　　D) interval

15. 下列对表格控件的描述中，正确的是_____。

A) 表格控件是将数据以表格形式显示的一种控件容器

B) 表格控件只能输出数据表中的部分记录

C) 表格控件的 ColumnCount 属性和表格各列的 Caption 属性是不能改变的

D) 表格控件 RecordSourceType 属性值为"0 - 表"时，显示已打开表的内容

16. 如果需要增加页框控件的页面数，应修改其_____属性。

A）Value　　　　　　B）PageCount　　　　　C）ButtonCount　　　　D）FontSize

17. 命令按钮组中_____属性，决定其中的按钮个数。

A）Value　　　　　　B）PageCount　　　　　C）ButtonCount　　　　D）ColumnCount

18. 如果命令按钮组运行结果如图 10－1 所示：

| Command1 | Command2 | Command3 | Command4 |

图 10－1

当点击其中的按钮 Command3 时，其返回值 Value 为_____。

A）.T.　　　　　　　B）3　　　　　　　　　C）Command3　　　　　D）不确定

19. "表单集"控件是容器对象。其主要特点是，在一个表单集中，_____。

A）可以同时显示多个表单　　　　　　　B）可以同时运行多个应用程序

C）表单只能用于显示数据　　　　　　　D）所有表单不能隐藏

20. 下列关于"表单集"控件的说法，错误的是_____。

A）"表单集"控件是容器对象，是一个或多个相关表单的集合。

B）在一个表单集中可以同时显示多个表单窗口

C）引用"表单集"控件的表单 1 时应使用 Thisformset.Form1 关键字

D）通过点击"表单控件工具栏"上的"表单集"控件图标来添加表单集

二、填空题

1. 使用"选项按钮组生成器"设计"选项按钮组"的布局时，其"按钮布局"有_____两种。

2. 当复选框控件没有被选中时，其 Value 的值为_____。

3. 一个表单需要四个命令按钮，可以使用两种方式：分别建四个命令按钮；建一个命令按钮组。如果采用建一个命令按钮组的方式，首先应设置的属性为_____。

4. 在一个表单集中有三个表单，引用第一个表单（Form1）中文本框（Text1）中的值的语句是_____。

5. 如果要在一定的时间间隔执行某项操作，应使用_____控件并设置其_____属性。

6. 设置"页框"的页面数，应设置其_____属性。

7. 命令按钮组中可以包含多个按钮，其_____属性的值决定按钮个数。

8. 若要在一个表单中分三页显示三个数据表的内容，应使用_____控件。

9. 组合框有两种类型，分别为_____和_____控件，其中前者可以输入数据项，后者仅具有选择功能。

10. 要求在一定的时间后，由一个表单切换到另一个表单，要使用_____控件。

10.2　实验

一、实验目的

1. 熟悉查看和修改表单中数据环境的方法。

2. 熟悉选择按钮组、复选框、编辑框、列表框、组合框、微调、计时器、图像、表格、页框和命令按钮组控件的创建以及属性设置的方法。

3. 熟悉表单集以及其中表单的创建方法。

二、实验内容

【实验说明】

①本章的所有实验，均要设置保存文件的路径为："D：\ VFP 实验"，具体设置过程参见第五章。如果当前文件夹已经在该路径下，可以不用再设置。

②本章的实验中涉及的数据库为：图书营销 .dbc，并且已经打开该数据库文件。

【实验 10 - 1】设计一个"选择按钮组"的应用表单。表单执行后，如图 10 - 2 所示。当选择"选项按钮组"中的一个按钮，例如选择"错误"按钮，则显示"你的选择是正确的"，如图 10 - 3 所示。

图 10 - 2　"选择按钮组"应用表单示例

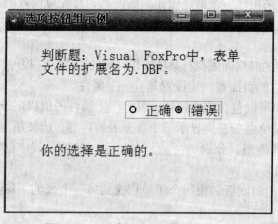

图 10 - 3　"选择按钮组"选择结果

（1）新建表单，在表单的适当位置添加 2 个标签和 1 个选项按钮组。设计表单及控件的属性值如表 10 - 1 所示。

表 10 - 1　　　　　　　　　　　　　　表单及标签的主要属性设置和说明

对象名	属性名	属性值	说明
Form1	Caption	选择组按钮示例	设置表单标题
Label1	Caption	判断题：Visual FoxPro 中，表单文件的扩展名为 .DBF。	设置标签 1 的标题
Label1	FontName	宋体	设置字体
Label1	FontSize	14	设置字号大小
Label1	AutoSize	.T.	自动调整标签与字的大小一致
Label1	WordWrap	.T.	文字反绕。
Label2	Caption	请选择正确答案。	设置标签 2 的标题
Label2	FontName	宋体	设置字体
Label2	FontSize	14	设置字号大小
Label2	AutoSize	.T.	自动调整标签与字的大小一致
Option1	FontName	宋体	设置字体
Option1	FontSize	14	设置字号大小
Option1	AutoSize	.T.	自动调整选项按钮 1 与字的大小一致
Option2	FontName	宋体	设置字体
Option2	FontSize	14	设置字号大小
Option2	AutoSize	.T.	自动调整选项按钮 2 与字的大小一致

（2）鼠标右键单击"选项按钮组"，在快捷菜单中选择"生成器"命令。

（3）打开"选项组生成器"窗口，在"1.按钮"选项卡中，将"标题"下面文本框中的"Option1"、"Option2"改为"正确"、"错误"，其余保持默认值，如图 10 - 4 所示。

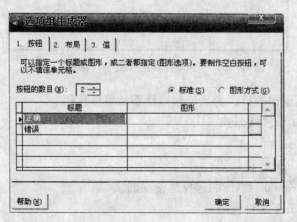

图 10 - 4　　"选项组生成器"的"1.按钮"选项卡

（4）单击"2.布局"选项卡，选择"按钮布局:"下面的"水平"单选按钮，调整"按钮间隔"下的微调按钮的值为8，其余为默认值，如图10-5所示。单击"确定"按钮，返回表单设计器界面。

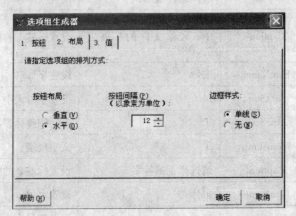

图10-5　"选项组生成器"的"2.布局"选项卡

（5）鼠标右键单击"选项按钮组"，在快捷菜单中选择"编辑"命令，此时选项按钮组被绿色线条围绕。

（6）鼠标分别单击"正确"按钮和"错误"按钮，然后在属性窗口中按照表10-1所示属性值，设置表单和控件相关属性，并调整控件位置后，表单设计结果如图10-6所示。

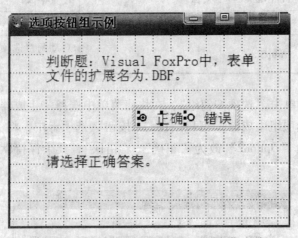

图10-6　"选项按钮组"处于"编辑"状态

（7）打开代码编辑窗口，为表单和控件添加事件代码。

①Form1的Init事件代码:

this.label2.caption = "　"

②Option1的Click事件代码:

thisform.label2.caption = "你的选择是错误的。"

③Option2的Click事件代码:

thisform.label2.caption = "你的选择是正确的。"

（8）将表单保存为"实验10 _ 1.scx"，并运行表单。

【实验10 -2】设计一个"图书查询"表单，选中某一选项按钮并在其对应的文本框中输入查询的条件后，单击"查询"按钮进行查询。

例如，运行表单后，选中"书目编号"，输入"C001"，结果如图10 -7所示。单击"查询"按钮，系统查询结果如图10 -8所示。

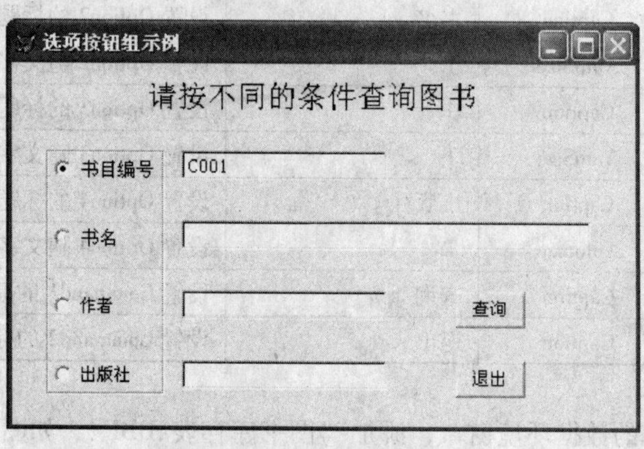

图10 -7　表单中选择"书目编号"，并输入"C001"

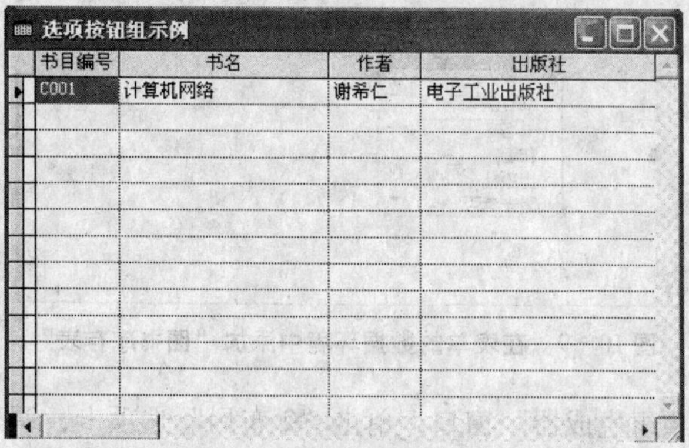

图10 -8　输入"书目编号为C001"的查询结果

（1）新建一表单，在表单中添加1个标签、4个文本框、1个选项按钮组和2个按钮，并调整其在表单中的位置。设计表单及控件的属性值如表10 -2所示。

表10 -2　　　　　　　　　　　表单及标签的主要属性设置和说明

对象名	属性名	属性值	说明
Form1	Caption	选项按钮组示例	设置表单标题
Form1	Height	248	设置表单的高
Form1	Width	440	设置表单的宽
Label1	Caption	请按不同的条件查询图书	设置标签1的标题
Label	FontSize	14	设置标签1的字体大小
Label1	AutoSize	.T.	设置标签1自动随输入文字调整大小

表10-2(续)

对象名	属性名	属性值	说明
Optiongroup1	ButtonCount	4	设置选项按钮组的个数
Option1	Caption	书目编号	设置 Option1 的标题
Option1	AutoSize	.T.	设置 Option1 随文字的大小自动调整
Option2	Caption	书名	设置 Option2 的标题
Option2	AutoSize	.T.	设置 Option2 随文字的大小自动调整
Option3	Caption	作者	设置 Option3 的标题
Option3	AutoSize	.T.	设置 Option3 随文字的大小自动调整
Option4	Caption	出版社	设置 Option4 的标题
Option4	AutoSize	.T.	设置 Option4 随文字的大小自动调整
Command1	Caption	查询	设置 Command1 的标题
Command2	Caption	退出	设置 Command2 的标题

（2）打开表单的数据环境窗口，添加"图书库存表.DBF"，如图10-9所示。

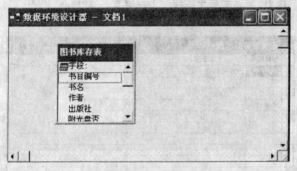

图10-9　在表单的数据环境中添加"图书库存表"

（3）打开"选项组生成器"窗口，单击"2.布局"选项卡，调整"按钮间隔"为30像素，如图10-10所示。

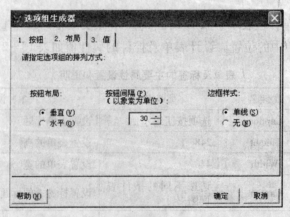

图10-10　"选项组生成器"布局选项卡

（4）按表 10 - 2 所示设置表单和控件相关属性，并调整控件位置后，表单显示如图 10 - 11 所示。

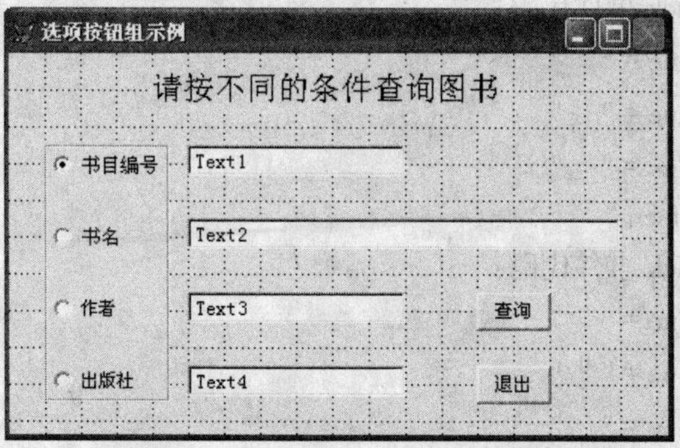

图 10 - 11　选项按钮组的表单应用示例

（5）打开代码编辑窗口，为表单的事件添加代码。

①Form1 的 Init 事件代码：

```
thisform.text1.value = "    "
thisform.text2.value = "    "
thisform.text3.value = "    "
thisform.text4.value = "    "
```

②Command1 的 Click 事件代码：

```
x = thisform.Optiongroup1.value
do case
  case x = 1
    select * from 图书库存表;
    where 图书库存表.书目编号 = alltrim (thisform.text1.value)
  case x = 2
    select * from 图书库存表 where 图书库存表.书名 = alltrim (thisform.text2.value)
  case x = 3
    select * from 图书库存表 where 图书库存表.作者 = alltrim (thisform.text3.value)
  case x = 4
    select * from 图书库存表 where 图书库存表.出版社 = ;
    alltrim (thisform.text4.value)
endcase
```

③Command 2 的 Click 事件代码：

```
thisform.release
```

④Option1 的 Click 事件代码：

```
thisform.text2.value = "    "
thisform.text3.value = "    "
```

thisform.text4.value = "   "

thisform.text1.setfocus

⑤Option2 的 Click 事件代码：

thisform.text1.value = "   "

thisform.text3.value = "   "

thisform.text4.value = "   "

thisform.text2.setfocus

⑥Option3 的 Click 事件代码：

thisform.text1.value = "   "

thisform.text2.value = "   "

thisform.text4.value = "   "

thisform.text3.setfocus

⑦Option4 的 Click 事件代码：

thisform.text1.value = "   "

thisform.text2.value = "   "

thisform.text3.value = "   "

thisform.text4.setfocus

（6）将表单保存为"实验 10 _ 2.scx"，并运行表单。

【实验 10 - 3】设计"复选框"应用示例表单，可根据复选框的选择来改变表单上文字的字体及颜色。图 10 - 12 所示的是一次选择后字符的显示结果。

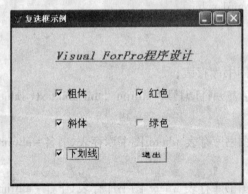

图 10 - 12   "复选框示例"表单运行时的 2 个截图

（1）新建表单"表单设计器 - 文档 1"，在表单的适当位置添加 1 个标签、5 个复选框和 1 个命令按钮，调整其位置与大小。设计表单及控件的属性值如表 10 - 3 所示。

表 10 - 3   表单及标签的主要属性设置和说明

对象名	属性名	属性值	说明
Form1	Caption	复选框示例	设置表单标题
Label1	Caption	Visual ForPro 程序设计	设置标签 1 的标题

表10-3(续)

对象名	属性名	属性值	说明
Label1	FontName	宋体	设置字体
Label1	FontSize	14	设置字号大小
Label1	AutoSize	.T.	根据字的大小自动调整标题大小
Check1	Caption	粗体	设置复选框 1 的标题
Check1	FontName	宋体	设置字体
Check1	FontSize	12	设置字号大小
Check1	AutoSize	.T.	根据字的大小自动调整标题大小
Check2	Caption	斜体	设置复选框 2 的标题
Check2	FontName	宋体	设置字体
Check2	FontSize	12	设置字号大小
Check2	AutoSize	.T.	自动调整标签与字的大小一致
Check3	Caption	下划线	设置复选框 3 的标题
Check3	FontName	宋体	设置字体
Check3	FontSize	12	设置字号大小
Check3	AutoSize	.T.	根据字的大小自动调整标题大小
Check4	Caption	红色	设置复选框 4 的标题
Check4	FontName	宋体	设置字体
Check4	FontSize	12	设置字号大小
Check4	AutoSize	.T.	根据字的大小自动调整标题大小
Check5	Caption	绿色	设置复选框 5 的标题
Check5	FontName	宋体	设置字体
Check5	FontSize	12	设置字号大小
Check5	AutoSize	.T.	根据字的大小自动调整标题大小
Command1	Caption	蓝色	设置按钮的标题
Command1	FontName	隶书	设置字体
Command1	FontSize	12	设置字号大小
Command1	AutoSize	.T.	根据字的大小自动调整标题大小

（2）设置表单和控件相关属性，并调整控件位置后，表单设计结果如图 10-13 所示。

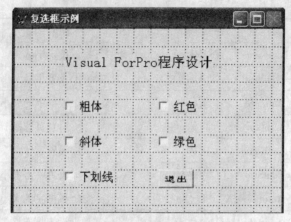

图 10-13　复选框示例

（3）打开代码编辑窗口，为表单中各复选框的事件添加代码。

①Check1 的 Click 事件代码：

thisform.label1.fontbold = this.value

②Check2 的 Click 事件代码：

thisform.label1.fontitalic = this.value

③Check3 的 Click 事件代码：

thisform.label1.fontunderline = this.value

④Check4 的 Click 事件代码：

```
if thisform.check4.value = 1 and thisform.check5.value = 1
    thisform.label1.forecolor = rgb （255，255，0）
else
    if thisform.check4.value = 1 and thisform.check5.value = 0
      thisform.label1.forecolor = rgb （255，0，0）
    else
      if thisform.check4.value = 0 and thisform.check5.value = 1
    thisform.label1.forecolor = rgb （0，255，0）
      else
    thisform.label1.forecolor = rgb （0，0，0）
      endif
    endif
endif
```

⑤Check5 的 Click 事件代码：

```
if thisform.check4.value = 1 and thisform.check5.value = 1
    thisform.label1.forecolor = rgb （255，255，0）
else
    if thisform.check4.value = 1 and thisform.check5.value = 0
      thisform.label1.forecolor = rgb （255，0，0）
```

```
        else
            if thisform.check4.value = 0 and thisform.check5.value = 1
    thisform.label1.forecolor = rgb (0, 255, 0)
            else
    thisform.label1.forecolor = rgb (0, 0, 0)
            endif
        endif
    endif
```

⑥Conmand1 的 Click 事件代码：

thisform. release

（4）将表单保存为"实验 10 _ 3.scx"，并运行表单。

【实验 10 - 4】设计一个"复选框"应用示例的表单，运行表单后，可分别选中复选框，输入查询条件来查询图书的销售数量。例如，选中"作者"复选框，在右边的文本框中输入：匡松，单击"查询"按钮后，查询结果显示在编辑框中，如图 10 - 14所示。也可以同时选中"作者"复选框和"出版社"复选框，在右边的文本框中输入相应的信息进行查询。

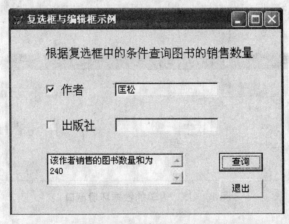

图 10 - 14　按作者查询图书销售数量的表单界面

（1）新建表单"表单设计器 - 文档 1"，在表单的适当位置添加 1 个标签、4 个复选框、4 个命令按钮和 1 个编辑框，调整其位置与大小。设计表单及控件的属性值如表10 - 4 所示。

表 10 - 4　　　　　　　　　　　　表单及标签的主要属性设置和说明

对象名	属性名	属性值	说明
Form1	Caption	复选框与编辑框示例	设置表单标题
Label1	Caption	根据复选框中的条件查询图书的销售数量	设置标签 1 的标题
Label1	FontName	宋体	设置字体
Label1	FontSize	12	设置字号大小

表10 -4(续)

对象名	属性名	属性值	说明
Label1	AutoSize	.T.	根据字的大小自动调整标题大小
Check1	Caption	作者	设置复选框1的标题
Check1	FontName	宋体	设置字体
Check1	FontSize	12	设置字号大小
Check1	AutoSize	.T.	根据字的大小自动调整标题大小
Check2	Caption	出版社	设置复选框2的标题
Check2	FontName	宋体	设置字体
Check2	FontSize	12	设置字号大小
Check2	AutoSize	.T.	自动调整标签与字的大小一致
Command1	Caption	查询	设置按钮1的标题
Command1	AutoSize	.T.	设置按钮1自动调整标题大小
Command2	Caption	退出	设置按钮2的标题
Command1	AutoSize	.T.	设置按钮2自动调整标题大小

（2）打开表单的数据环境窗口，添加"图书库存表.DBF"和"图书销售表.DBF"，如图10 -15所示。

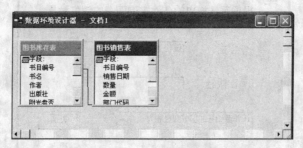

图10 -15　表单的数据环境窗口

（3）按表10 -4所示设置表单和控件相关属性，并调整控件位置后，表单设计结果如图10 -16所示。

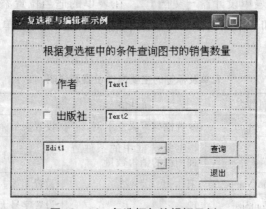

图10 -16　复选框与编辑框示例

（4）打开代码编辑窗口，为表单中各控件的事件添加代码。

①Form1 的 Init 事件代码：

```
thisform.text1.value = "    "
thisform.text2.value = "    "
thisform.edit1.value = "    "
```

②Check1 的 Click 事件代码：

```
if this.value = 1
    thisform.text1.value = "    "
    thisform.text1.setfocus
else
    thisform.text1.value = "    "
    thisform.edit1.value = "    "
endif
```

③Check2 的 Click 事件代码：

```
if this.value = 1
    thisform.text2.value = "    "
    thisform.text2.setfocus
else
    thisform.text2.value = "    "
    thisform.edit1.value = "    "
endif
```

④Conmand1 的 Click 事件代码：

```
if thisform.check1.value = 1 and thisform.check2.value = 1
    select 图书库存表.作者, 图书库存表.出版社, sum（图书销售表.数量）;
    as sl from 图书库存表, 图书销售表;
    where 图书库存表.书目编号 = 图书销售表.书目编号 and;
      （图书库存表.作者 = alltrim（thisform.text1.value）or;
    图书库存表.出版社 = alltrim（thisform.text2.value））;
    into cursor zzcbs
    thisform.edit1.value = "该作者和该出版社销售的图书数量和为" + str（zzcbs.sl）
else
    if thisform.check1.value = 1 and thisform.check2.value = 0
    select 图书库存表.作者, sum（图书销售表.数量）as xsslh;
    from 图书库存表, 图书销售表;
    where 图书库存表.书目编号 = 图书销售表.书目编号 and;
    图书库存表.作者 = alltrim（thisform.text1.value）;
    group by 图书库存表.作者 into cursor zzxs
    thisform.edit1.value = "该作者销售的图书数量和为" + str（zzxs.xsslh）
```

else

    if thisform.check1.value ＝ 0 and thisform.check2.value ＝ 1

select 图书库存表.出版社，sum（图书销售表.数量）as slhj；

from 图书库存表，图书销售表；

where 图书库存表.书目编号＝图书销售表.书目编号 and；

图书库存表.出版社＝alltrim（thisform.text2.value）；

group by 图书库存表.出版社 into cursor cbsxs

thisform.edit1.value＝"该出版社销售的图书数量和为"＋str（cbsxs.slhj）

    else

thisform.text1.value＝"　　"

thisform.text2.value＝"　　"

thisform.edit1.value＝"　　"

    endif

    endif

endif

⑤Conmand2 的 Click 事件代码：

Thisform.release

（5）将表单保存为"实验10＿4.scx"，并运行表单。

【要点提示】

编辑框的 ControlSource 属性设置为某个备注字段或字符型字段时，在表单运行时，在编辑框中既可显示该字段的内容，也可将输入到编辑框中的文本保存到相应的字段中，见实验10－5。

【实验10－5】设计一个"编辑框"应用示例的表单。表单运行后，在文本框中输入书名后，可在编辑框中显示或者输入该书的内容简介。例如，在"文本框"中输入书名：Visual FoxPro 应用教程，按回车键后，在"内容简介"右边的编辑框中显示出该教程的内容简介，如图10－17所示。

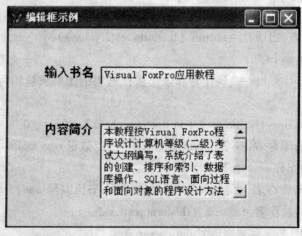

图 10－17　"编辑框示例"表单的运行界面 1

也可以利用表单添加"备注型"字段的内容。例如，在"文本框"中输入书名：计算机网络，由于该记录的"内容简介"字段原来没有输入文字，此时的表单运行界面，如图 10 - 18 所示。

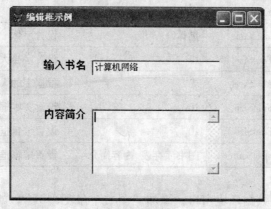

图 10 - 18　"编辑框示例"表单的运行界面 2

在"编辑框"中输入相关信息，然后关闭表单运行窗口，将刚才输入的文字保存到"图书库存表 .DBF"文件中。当再次运行表单时，在"文本框"中输入书名"计算机网络"，并按回车键，此时的表单显示结果如图 10 - 19 所示。

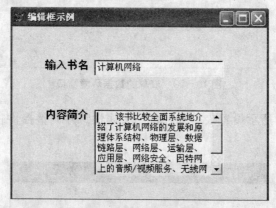

图 10 - 19　"编辑框示例"表单的运行界面 3

（1）新建表单"表单设计器 - 文档 1"，在表单的适当位置添加 2 个标签、1 个文本框、1 个编辑框，调整其位置与大小。设计表单及控件的属性值如表 10 - 5 所示。

表 10 - 5　　　　　　　　　表单及标签的主要属性设置和说明

对象名	属性名	属性值	说明
Form1	Caption	编辑框示例	设置表单标题
Label1	Caption	输入书名	设置标签 1 的标题
Label1	FontName	黑体	设置字体
Label1	FontSize	12	设置字号大小

表10 –5（续）

对象名	属性名	属性值	说明
Label1	AutoSize	.T.	根据字的大小自动调整标题大小
Label2	Caption	内容简介	设置标签 2 的标题
Label2	FontName	黑体	设置字体
Label2	FontSize	12	设置字号大小
Label2	AutoSize	.T.	根据字的大小自动调整标题大小
Text1	FontSize	10	设置文本框内文字的字号大小
Edit1	FontSize	10	设置编辑框内文字的字号大小
Edit1	ControlSource	图书库存表.内容简介	设置编辑框的数据源

（2）打开表单的数据环境窗口，添加"图书库存表.DBF"，如图 10 –20 所示。

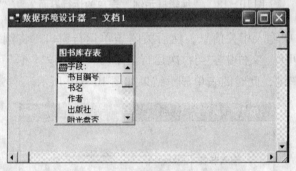

图 10 –20　表单的数据环境窗口

（3）按表 10 –5 所示设置表单和控件相关属性，并调整控件位置后，表单设计结果如图 10 –21 所示。

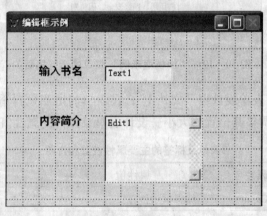

图 10 –21　编辑框示例

（4）打开代码编辑窗口，为表单和控件添加事件代码。

①表单 Form1 的 Init 事件代码：

thisform.text1.value = "   "

thisform.edit1.value = "   "

② 文本框 Text1 的 Lostfocus 事件代码:

select 书名, 内容简介 from 图书库存表 where 书名 = ;

    alltrim (thisform.text1.value) into cursor temp01

If reccount ( ) < >0

    thisform.edit1.controlsource = "temp01.内容简介"

    thisform.refresh

else

    massagebox ("此书目未找到.")

endif

(5) 将表单保存为 "实验 10 _ 5.scx", 并运行表单.

【要点提示】

①本例中: ControlSource = 图书库存表.内容简介, 在表单运行时, 编辑框中显示出 "图书库存表.内容简介" 字段的内容, 而在编辑框中输入的文本保存到 "图书库存表.内容简介" 字段中.

②如果编辑框的 ReadOnly =.T. , 则不能修改该编辑框中的文本.

【实验 10 - 6】设计 "列表框" 应用示例的表单, 当选定列表框 1 中的列表项并按 → 按钮, 可将其移到列表框 2; 反之, 当选定列表框 2 中的列表项并按 ← 按钮, 可将其移到列表框 1.

例如, 分别用鼠标选中列表框 1 中的 "丁香"、"牡丹", 单击 → 按钮, 将其移动到列表框 2 中, 如图 10 - 22 所示.

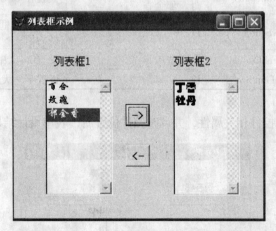

图 10 - 22   "列表框示例" 表单运行结果

(1) 新建表单 "表单设计器 - 文档 1", 在表单的适当位置添加 2 个标签、2 个列表框、2 个命令按钮, 调整其在表单上的位置. 设计表单及控件的属性值如表 10 - 6 所示.

表 10 – 6　　　　　　　　表单及控件的主要属性设置和说明

对象名	属性名	属性值	说明
Form1	Caption	列表框示例	设置表单标题
Label1	Caption	列表框 1	设置标签 1 的标题
Label1	FontName	幼圆	设置字体
Label1	FontSize	12	设置字号大小
Label1	AutoSize	.T.	根据字的大小自动调整标题大小
Label2	Caption	列表框 2	设置复选框 1 的标题
Label2	FontName	幼圆	设置字体
Label2	FontSize	12	设置字号大小
Label2	AutoSize	.T.	根据字的大小自动调整标题大小
Command1	Caption	— >	设置命令按钮 1 的标题
Command1	FontName	宋体	设置字体
Command1	FontSize	12	设置字号大小
Command1	AutoSize	.T.	自动调整命令按钮与字的大小一致
Command2	Caption	< —	设置命令按钮 2 的标题
Command2	FontName	宋体	设置字体
Command2	FontSize	12	设置字号大小
Command2	AutoSize	.T.	自动调整命令按钮与字的大小一致
List1	FontName	华文行楷	设置 List1 中文字的字体
List1	FontSize	12	设置字号大小
List1	Rowsource	丁香，百合，玫瑰，牡丹，郁金香	设置在 List1 中显示的值
List1	RowSourceType	1 – 值	设置列表框 1 中值的数据源的类型为值
List2	FontName	华文琥珀	设置 List2 中文字的字体
List2	FontSize	12	设置字号大小

（2）设置表单和控件相关属性，并调整控件位置后，表单设计结果如图 10 – 23 所示。

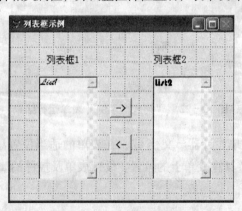

图 10 – 23　列表框示例

（3）打开代码编辑窗口，为表单中各控件的事件添加代码。

①Form1 的 Init 事件代码：

thisform.command1.enabled = .f.

thisform.command2.enabled = .f.

②List1 的 Click 事件代码：

if thisform.list1.listindex > 0   && 如果 list 1 列表框中有数据项

    thisform.command1.enabled = .t.

endif

③List2 的 Click 事件代码：

if thisform.list2.listindex > 0

    thisform.command2.enabled = .t.

endif

④Command1 的 Click 事件代码：

if thisform.list1.listindex > 0

    thisform.list2.additem（thisform.list1.list（thisform.list1.listindex））

    thisform.list1.removeitem（thisform.list1.listindex）

else

    this.enabled = .f.

endif

⑤Command2 的 Click 事件代码：

if thisform.list2.listindex > 0

    thisform.list1.additem（thisform.list2.list（thisform.list2.listindex））

    thisform.list2.removeitem（thisform.list2.listindex）

else

    this.enabled = .f.

endif

（4）将表单保存为"实验 10 _ 6.scx"，并运行表单。

【要点提示】

①ListIndex 属性指定列表框中选定数据项的索引值，列表框中无数据项时，ListIndex = 0。

②列表框的 AddItem 方法用于在 RowSourceType = 0 时，向列表框中添加一数据项，例如，thisform.list2.AddItem（thisform.list1.list（thisform.list1.listindex））：向 list 2 中添加 list 1 中选定的项，其中，thisform.list1.listindex 表示 list1 中选定数据项的索引号，thisform.list1.list（thisform.list1.listindex）表示 list1 中选定索引号的那个数据项。

③Removeitem 方法用于从 RowSourceType = 0 的列表框中删除一项。

④如果要在列表框中显示表文件中的字段，则设置 RowSource = 表名 . 字段名，RowSourceType = 6 - 字段，见实验 10 - 7。

【实验 10 - 7】设计一个"列表框"应用示例的表单，表单运行后，将在列表框中显示"图书书名"和"销售金额",如图 10-24 所示。

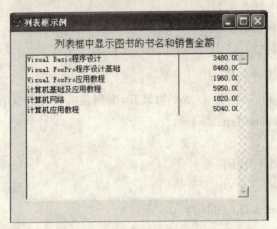

图 10-24 "列表框示例"表单运行结果

（1）新建表单"表单设计器-文档1"，在表单的适当位置添加 1 个标签、1 个列表框，调整其在表单上的位置。设计表单及控件的属性值如表 10-7 所示。

表 10-7 表单及控件的主要属性设置和说明

对象名	属性名	属性值	说明
Form1	Caption	列表框示例	设置表单标题
Form1	Height	300	设置表单的高
Form1	Width	410	设置表单的宽
Label1	Caption	列表框中显示图书的书名和销售金额	设置标签 1 的标题
Label1	FontName	宋体	设置字体
Label1	ForeColor	0，0，255	设置标签 1 的文字颜色
Label1	FontSize	12	设置字号大小
Label1	AutoSize	.T.	根据字的大小自动调整标题大小
List1	FontName	宋体	设置 List1 中文字的字体
List1	FontSize	10	设置字号大小
List1	Left	24	设置 List1 在表单中的位置及大小
List1	Top	36	
List2	Height	230	
List2	Width	360	

（2）打开表单的数据环境窗口，添加"图书库存表.DBF"和"图书销售表.DBF"，如图 10-25 所示。

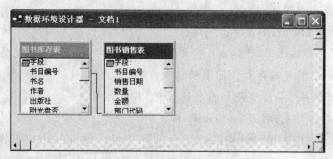

图 10 - 25　表单的数据环境窗口

（3）按表 10 - 7 所示设置表单和控件相关属性，并调整控件位置后，表单设计结果如图 10 - 26 所示。

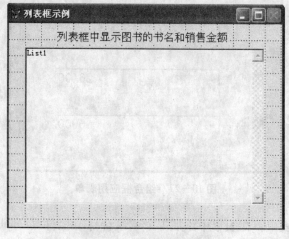

图 10 - 26　列表框示例

（4）打开代码编辑窗口，为表单中各控件的事件添加代码。

Form1 的 Init 事件代码：

select 图书库存表.书名，sum（图书销售表.金额）as 总金额；

from 图书库存表，图书销售表；

where 图书库存表.书目编号 = 图书销售表.书目编号；

group by 图书库存表.书名 into cursor tsxs

thisform.list1.ColumnCount = 2

thisform.list1.RowSourceType = 6

thisform.list1.RowSource = "tsxs.书名，金额"

（5）将表单保存为"实验 10 _ 7.scx"，并运行表单。

【要点提示】

①列表框的 RowSourceType 属性值取值可以从 0 ~ 7，实验 10 - 6 中其取值分别为 1 和 0；本例中 RowSourceType = 6。

②如果 RowSourceType = 3 - sql 语句，则在 RowSource 属性中包含一个 SELECT _ SQL 查询语句。比如，本例将 Form1 的 Init 事件代码改为：

thisform.list1.ColumnCount = 2

thisform.list1.RowSourceType = 3

thisform.list1.RowSource = "select 图书库存表.书名，sum（图书销售表.金额）；

as 总金额 from 图书库存表，图书销售表；

where 图书库存表.书目编号 = 图书销售表.书目编号；

group by 图书库存表.书名 into cursor tsxs"

【实验 10－8】利用表单设计器的"组合框"控件，设计一个根据图书库存表中的书名查询书籍的单价、数量信息的表单。表单运行结果如图 10－27 所示。

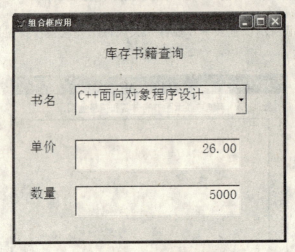

图 10－27　组合框应用表单

（1）新建一个表单，在表单中添加 1 个"组合框"控件（Combo1）、3 个"标签"控件（Label1、Label2、Label3）、3 个"文本框"控件（Text1、Text2、Text3），设计表单控件的主要属性如表 10－8 所示。

表 10－8　　　　　　　　　　　　表单控件及各控件属性设置

对象	属性	属性值	说明
Form1	Caption	组合框应用	设置表单标题
Label1	Caption	库存书籍查询	第一个标签的标题
	Fontsize	16	第一个标签的字号大小
	FontName	楷体	第一个标签的字体
Label2	Caption	书名	第二个标签的标题
	Fontsize	16	第二个标签字号大小
	FontName	楷体	第二个标签的字体
Label3	Caption	单价	第三个标签的标题
	Fontsize	16	第三个标签字号大小
	FontName	楷体	第三个标签的字体

表10-8(续)

对象	属性	属性值	说明
Text1	ControlSource	图书库存表.单价	第一个文本框的数据源
Text2	ControlSource	图书库存表.数量	第二个文本框的数据源
Combo1	Rowsource	图书库存表.书名	组合框显示数据的来源
	RowSourceType	字段	组合框数据类型
	Stye	0	下拉组合框

（2）打开"数据环境设计器"，添加图书库存表.DBF文件，并在属性框中设置好组合框的数据源。

（3）按表10-8所示设置表单和控件相关属性，并调整控件位置后，表单设计结果如图10-28所示。

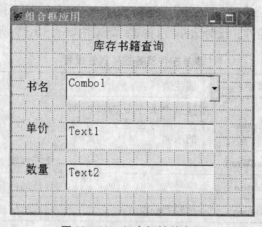

图10-28 组合框控件布局

（4）打开组合框Combo1控件的代码编辑窗口，为组合框Combo1控件名事件编写事件代码。

①Combo1控件的Init代码如下：

This.setfocus

②Combo1控件的InterActiveChange代码如下：

ThisForm.Refresh

③Combo1控件的LostFocus事件代码如下：

ThisForm.Refresh

（5）将表单保存为"实验10_8.scx"，并运行表单。

【要点提示】

在表单运行时，在组合框中可以显示该字段的内容。单击"组合"框右边的箭头，在下拉组合框中选取书名即可查询该书的单价和数量。

【实验10-9】设计一个"微调控件示例"表单。利用"微调"按钮调整字号，同时用X=getcolor（ ）函数获取并修改颜色。例如，表单运行后，选择一个"加粗"复选框，将改变标题字符的显示效果，如图 10 - 29 所示。

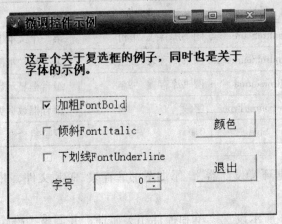

图 10 - 29　标题显示字符的加粗效果

（1）在表单中创建 2 个"标签"控件、3 个"复选框"控件、2 个"命令按钮"控件、1 个"微调"控件，设计表单控件的主要属性如表 10 - 9 所示。

表 10 - 9　　　　　　　　　表单控件及各控件属性设置

对象名	属性名	属性值	说明
Label1	Caption	这是个关于复选框的例子，同时也是关于字体的示例	标签的内容
Label1	WordWrap	.T.	文字反绕
Label2	Caption	字号	标签的内容
Check1	Caption	加粗 FontBold	复选框信息
Check2	Caption	倾斜 FontItalic	复选框信息
Check3	Caption	下划线 FontUnderline	复选框信息
Spinner1	Caption	Spinner1	微调按钮
Command1	Caption	颜色	命令按钮 1 的标题
Command1	FontName	宋体	设置字体
Command1	FontSize	12	设置字号大小
Command2	Caption	退出	命令按钮 2 的标题
Command1	FontName	宋体	设置字体
Command1	FontSize	12	设置字号大小

（2）设置表单和控件相关属性，并调整控件位置后，表单设计结果如图 10 - 30 所示。

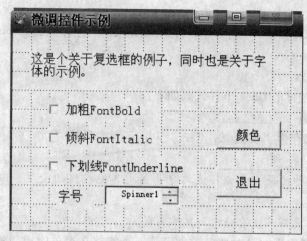

图 10-30 微调控件布局

（3）打开代码编辑器，为表单和控件添加事件代码。

①Form1 的 Init 事件代码如下：

Thisform.spinner1.Value = Thisform.Label1.Fontsize

②Check1 控件的 Click 事件代码如下：

If Thisform.Check1.Value = 1

    Thisform.Label1.Fontbold = .t.

else

    Thisform.Label1.Fontbold = .f.

endIf

③Check2 控件的 Click 事件代码如下：

If Thisform.Check2.Value = 1

    Thisform.Label1.Fontitalic = .t.

else

    Thisform.Label1.Fontitalic = .f.

endIf

④Check3 控件的 Click 事件代码如下：

If Thisform.Check3.Value = 1

    Thisform.Label1.Fontunderline = .t.

else

    Thisform.Label1.fontunderline = .f.

endIf

⑤Spinner1 控件的 UpClick 事件代码如下：

Thisform.Label1.Fontsize = This.Value

⑥Command1 控件的 Click 事件代码如下：

x = getcolor（）   && 利用 getcolor（）函数获取所选的颜色赋值到 X 内存变量中

If x > 0

Thisform.Label1.forecolor = x   && 将 X 获取的颜色赋值给 Label1 的 forecolor 颜色属性

endIf

⑦Command2 控件的 Click 事件代码如下：

Thisform.Release

（4）将表单保存为"实验 10_9.scx"，并运行表单。

【要点提示】

①熟悉以上操作的每一步骤，试练习并熟悉其他控件的使用，编写其他事件的命令代码。

②了解并熟悉更多函数的功能和具体实现。

【实验 10-10】使用"计时器"控件设计一个能够在表单中控制标签信息从右向左以一定的速度反复来回移动的信息（时间间隔由计时器的 Interval 属性值决定）。表单的文本信息显示如图 10-31 所示。

图 10-31　标签信息从右向左移动表单

（1）新建一个表单，在表单中添加 1 个"标签"控件（Label1）、1 个"计时器"控制（Timer1），设计表单控件的主要属性如表 10-10 所示。

表 10-10　　　　　　　　　表单控件及各控件属性设置

对象	属性	属性值	说明
Form1	Caption	计时器应用	表单标题
Label1	Caption	新年快乐！万事如意！	标签的内容
	Fontsize	24	标签字号大小
	FontName	楷体	标签字体名称
	ForeColor	255，0，0	标签文字颜色（红）
	FontBold	.T.	标签文字加粗
Timer1	Interval	200	计时器的时间间隔

（2）设置表单和控件相关属性，并调整控件位置后，表单设计结果如图 10-32 所示。

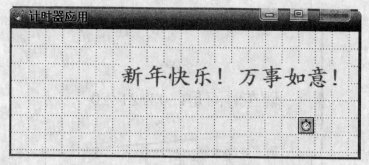

图 10 - 32　计时器控件实现标签信息从右向左移动

（3）打开计时器 Timer 1 控件的代码编辑窗口，为 Timer1 控件编写 Timer 事件过程代码，代码如下：

if thisform.label1.left < 1　　&&　判断 label1 此时最靠近表单左边界的位置。lift1 和 1 的含义参看本题的【要点提示】。这里 1 表示是一个足够靠近表单左边界的距离。

thisform.label1.left = thisform.width − thisform.label1.width　　&&　指定 label1 重新显示在表单中的位置。即此时 label1 靠近表单右侧。

else

thisform.label1.left = thisform.label1.left − 10　　　&&　指定 label1 从右向左以一定的速度反复来回移动信息

endif

（4）将表单保存为"实验 10 _ 10.scx"，并运行表单。

【要点提示】

①计时器控件在表单运行时是不可见的。

②计时器的 Interval 属性：Timer 事件之间的毫秒数。它指定了一个计时器事件和下一个计时器事件之间的毫秒数。如果计时器有效，它将以近似等间隔的时间接收一个 Timer 事件。

③left 属性确定一个控件的左边界和表单左边界的距离。lift 属性值的数值单位和表单的 ScaleMode 属性有关。本表单中使用表单 Form1 的 ScaleMode 属性值为默认值 3，则 lift 属性值的单位为 Pixel（显示器或打印机上的最小单位）。

④在 thisform.label1.left − 10 语句中，表示从右向左移动。如果 thisform..label1.left 后面加上（+）一个数字，标签 label1 将从左向右以一定的速度移动，当相加或相减的数字加大，标签的移动速度加快。

【实验 10 - 11】通过"计时器"控件设计一个在表单上显示或暂停数字时钟显示的表单，如图 10 - 33 所示。

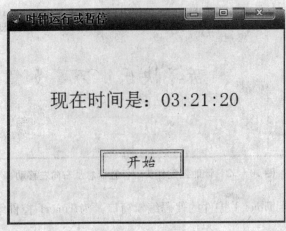

图 10-33　显示或暂停时钟运行表单

（1）新建一个表单，在表单中添加 1 个"计时器"控件（Timer1）、2 个"标签"控件（Label1 和 Label2）、1 个"命令按钮"控件（Command1），设计表单控件的主要属性如表 10-11 所示。

表 10-11　　　　　　　　　　表单控件及各控件属性设置

对象	属性	属性值	说明
Form1	Caption	时钟运行或暂停	表单标题
Label1	Caption	现在时间是：	标签 1 的标题
	Fontsize	20	标签 1 字号大小
	FontName	楷体	标签 1 字体名称
Label2	Caption	Label2	标签 2 的标题
	Fontsize	20	标签 2 字号大小
	FontName	楷体	标签 2 字体名称
Timer1	Interval	1000	计时器的时间间隔
Command1	Caption	开始｜暂停	命令按钮的标题

（2）设置表单和控件相关属性，并调整控件位置后，表单设计结果如图 10-34 所示。

图 10 - 34　控制时间显示或暂停的表单

（3）打开代码编辑窗口，为表单和控件添加事件代码。

①Form1 编写 Load 事件代码如下：

Public　I　　　　　　　　　　　　　　&& 设置公共变量，使其在多次运行中均有效

i = .t.

② Command1 的 Click 事件代码如下：

if i = .t.

　　thisform.command1.caption = "开始"

　　thisform.timer1.interval = 1000

　　i = .f.

else

　　thisform.command1.caption = "停止"

　　thisform.timer1.interval = 0

　　i = .t.

endif

（4）将表单保存为"实验 10 _ 11.scx"，并运行表单。

【要点提示】

　　表单运行时，单击"开始"命令按钮时，时钟开始显示，再单击"开始"命令按钮时，"开始"按钮变为"停止"，同时时钟停止运行。

【实验 10 - 12】利用"计时器"控件设计一个表单。在表单上显示数字时钟，并且可以分别选择 12 小时制和 24 小时制的时间，如图 10 - 35 所示。

　　（1）新建一个表单，在表单中添加 1 个"计时器"控件（Timer1）、1 个"文本框"控件（Text1）、1 个"标签"控件（Label1）、1 个"命令组"控件（CommandGroup1）、1 个"命令按钮"控件（Command1），设计表单控件的主要属性如表 10 - 12 所示。

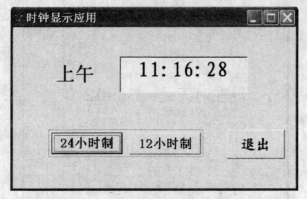

图 10 - 35　显示两种时制的数字时钟表单

表 10 - 12　　　　　　　　　表单控件及各控件属性设置

对象	属性	属性值	说明
Form1	Caption	时钟显示	表单标题
Label1	Caption	Label1	标签的标题
	Fontsize	20	标签字号大小
	FontName	楷体	标签字体名称
Text1	Caption	Text1	文本框的名字
	FontBold	.T.	文本框文字加粗
	Alignment	中间	文本框文字居中
	FontName	楷体	文本框字体名称
Timer1	Interval	1000	计时器的时间间隔
CommandGroup1	ButtonCount	2	命令按钮组个数
CommandGroup1.Command1	Caption	24 小时制	命令按钮组 1 名字
CommandGroup1.Command2.	Caption	12 小时制	命令按钮组 2 名字
Command1	Caption	退出	命令按钮的名字

（2）设置表单和控件相关属性，并调整控件位置后，表单设计结果如图 10 - 36 所示。

（3）打开命令按钮组 CommandGroup1 控件的代码编辑窗口，为 CommandGroup1 命令按钮组控件编写 Click 事件代码。代码如下：

```
if this.value = 2
    set Hours to 12              && 将系统时间设置为 12 小时制
    thisform.label1.visible = .t.
else
    set Hours to 24             && 将系统时间设置为 24 小时制
    thisform.label1.visible = .f.
```

图 10 - 36 两种时制布局

endif

（4）打开计时器 Timer 1 控件的代码编辑窗口，为 Timer1 控件编写 Timer 事件过程代码，代码如下：

if　Hour（datetime（））＞＝12

　　　thisform.label1.Caption = "下午"

else

　　　thisform.label1.Caption = "上午"

endif

thisform.text1.value = substr（ttoc（datetime（）），10，8）

（5）打开计时器 Command1 控件的代码编辑窗口，为 Command1 控件编写 Click 事件代码。代码如下：

ThisForm.Release

（6）将表单保存为"实验10 _12.scx"，并运行表单。

【要点提示】

运行时，可以分别选择12小时制和24小时制显示时间。"计时器"控件的主要属性有：Enabled：是否有效，Interval：每隔多少毫秒自动执行 timer 事件代码。

【实验10 - 13】利用"计时器"控件设计一个"摇奖"的表单。表单执行后，如图10 - 37 所示。当单击"开始"按钮，在屏幕出现滚动的学号，单击"停止"按钮，在屏幕出现中奖的学号。

图 10 - 37　显示摇奖的表单

（1）新建一个表文件（表名为 xsmc.DBF），表结构和记录如图 10 - 38、图 10 - 39 所示。

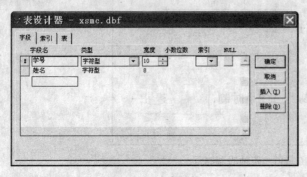

图 10 - 38　表结构

图 10 - 39　表记录

（2）新建一个表单，在表单中添加 1 个"计时器"控件（Timer1）、3 个"标签"控件（Label1）、2 个"命令"控件（Comman1 和 Comman2），设计表单及控件的主要属性如表 10 - 13 所示。

表 10 - 13　　　　　　　　　　　　表单及计时器主要属性设置

对象	属性	属性值	说明
Form1	Caption	祝你中奖	表单标题
Label1	Caption	祝你中奖	第一个标签的标题
	Fontsize	30	第一个标签字号
	FontName	楷体	第一个标签字体
Label2	Caption	中奖学号	第二个标签的标题
	Fontsize	20	第二个标签字号
	FontName	楷体	第二个标签字体
Label3	Caption		第三个标签的标题
Fontsize	30	第三个标签字号	
Timer1	Interval	1000	计时器的时间间隔
Command1	Caption	开始	命令按钮 1 的标题
Command2	Caption	停止	命令按钮 2 的标题

（3）设置表单和控件相关属性，并调整控件位置后，表单设计结果如图 10 - 40 所示。

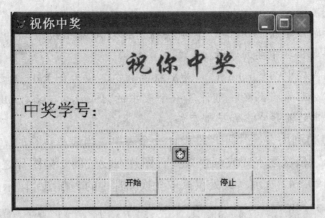

图 10 - 40　摇奖表单布局

（4）打开命令按钮 Command 控件的代码编辑窗口，为 Command1 命令按钮组控件编写 Click 事件代码。代码如下：

thisform.timer1.interval = 200

（5）打开命令按钮 Command1 控件的代码编辑窗口，为 Command2 命令按钮组控件编写 Click 事件代码。代码如下：

thisform.timer1.interval = 0

（6）打开计时器 Timer 1 控件的代码编辑窗口，为 Timer1 控件编写 Timer 事件过程代码，代码如下：

x = int（rand（）* reccount（"xsmc"））+ 1　　&&　产生一个不大于记录个数的随机数

goto x　　　　　　　　　　　　　　　　　&&　将记录指针指向相应记录

thisform.label1.caption = alltrim（学号）

（7）在表单空白处单击右键，打开表单的数据环境窗口，从快捷菜单中选择"数据环境"，添加 xsmc.DBF 表文件，如图 10 - 41 所示。

图 10 - 41　表单的数据环境窗口

（8）表单保存为"实验 10 _ 13.scx"，并运行表单。

【要点提示】

①表单运行时，单击"开始"命令按钮时，在屏幕出现滚动的学号，单击"停止"按钮，在屏幕出现中奖的学号。

②事件过程代码中函数 rand（ ）为随机函数，其值为介于 0～1 之间的随机数。函数 reccount（ ）为记录数函数，可计算一个表中的记录总数。函数 alltrim（ ）的功能为删除一个字符串的前导空格和尾部空格。

【实验 10 - 14】利用"图片"控件设计一个表单。当表单运行时，表单界面上的文字"圣诞节快乐"依次逐字变成红色，并且图片在设置的 6 幅图片之间不断变换。表单运行效果如图 10 - 42 所示（此处仅截取变换图片中的 2 幅图片以示意）。

图 10 - 42　表单效果的截图（此处仅取 2 幅图片以示意）

程序中使用的 6 附图片如图 10 - 43 所示。自左至右分别命名为：圣诞 .gif、圣诞 0.gif、圣诞 1.gif、圣诞 2.gif、圣诞 3.gif 和圣诞 4.gif。

图 10 - 43　圣诞图片

（1）新建表单，在表单的适当位置添加 5 个标签控件、1 个形状控件、1 个图象控件、1 个计时器控件、1 个命令按钮控件，设计表单控件的主要属性如表 10 - 14 示。

表 10 - 14　　　　　　　　　　　　表单及控件的主要属性设置

对象名	属性名	属性值	说明
Form1	Caption	标签示例	设置表单标题
Form1	Height	300	设置表单的高
Form1	Width	400	设置表单的宽
Label1	Caption	圣	设置标签 1 的标题

表10-14(续)

对象名	属性名	属性值	说明
Label1	Left	84	
Label1	Height	44	设置标签1在表单中的位置
Label1	Top	36	
Label1	Width	35	
Label2	Caption	诞	设置标签2的标题
Label2	Left	132	
Label2	Height	44	设置标签2在表单中的位置
Label2	Top	36	
Label2	Width	35	
Label3	Caption	节	设置标签3的标题
Label3	Left	180	
Label3	Height	44	设置标签3在表单中的位置
Label3	Top	36	
Label3	Width	35	
Label4	Caption	快	设置标签4的标题
Label4	Left	228	
Label4	Height	44	设置标签4在表单中的位置
Label4	Top	36	
Label4	Width	35	
Label5	Caption	乐	设置标签5的标题
Label5	Left	276	
Label5	Height	44	设置标签5在表单中的位置
Label5	Top	36	
Label5	Width	35	
Shape1	BackStyle	0	设置形状的背景样式为透明
Label5	SpeciaEffect	0	设置形状的效果为3维效果
Time1	Interval	200	设置计时器1的时间间隔
Time1	Interval	2000	设置计时器2的时间间隔
Command1	Caption	退出	设置按钮1的标题
Picture1	Stretch	2	设置图象的填充方式为变比填充

其中，5个标签的 FontName 为楷体，FontSize 为30，FontBold 为.T.，AutoSize 为.T.。

（2）设置表单和控件相关属性，并调整控件位置后，表单设计结果如图 10 - 44 所示。

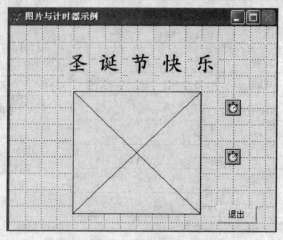

图 10 - 44　图片控件应用表单

（3）打开代码编辑对话框，为表单事件添加过程代码。

①表单的 Init 事件：

public n，m

n = 0

m = 0

thisform.image1.picture = " 圣诞 .gif"

②计时器 Time1 的 Timer 事件：

do case

case n = 0

　　thisform.label1.forecolor = rgb（0，0，0）

case n = 1

　　thisform.label2.forecolor = rgb（0，0，0）

case n = 2

　　thisform.label3.forecolor = rgb（0，0，0）

case n = 3

　　thisform.label4.forecolor = rgb（0，0，0）

case n = 4

　　thisform.label5.forecolor = rgb（0，0，0）

endcase

n = mod（n + 1，5）

do case

case n = 0

　　thisform.label1.forecolor = rgb（255，0，0）

case n = 1

　　thisform.label2.forecolor = rgb（255，0，0）

case n = 2

　　thisform.label3.forecolor = rgb（255，0，0）

case n = 3

　　thisform.label4.forecolor = rgb（255，0，0）

case n = 4

　　thisform.label5.forecolor = rgb（255，0，0）

endcase

③计时器 Time2 的 Timer 事件：

do case

case m = 0

　thisform.image1.picture = " 圣诞 0.gif"

case m = 1

　thisform.image1.picture = " 圣诞 1.gif"

case m = 2

　thisform.image1.picture = " 圣诞 2.gif"

case m = 3

　thisform.image1.picture = " 圣诞 3.gif"

case m = 4

　thisform.image1.picture = " 圣诞 4.gif"

endcase

m = mod（m + 1，4）

④Command1 的 Click 事件：

Thisform.release

（4）表单保存为"实验 10 _ 14.scx"，并运行表单。

【要点提示】

表单运行时，表单界面上的文字依次变成红色，并且图片在 6 幅图片之间不断变换。

【实验 10 - 15】利用"表格控件"设计一个商品销售情况查询表单，如图 10 - 45 所示。在表单的文本框输入书目编号，单击查询命令按钮在表格中显示每种书籍销售的单价、数量、总金额及部门情况。

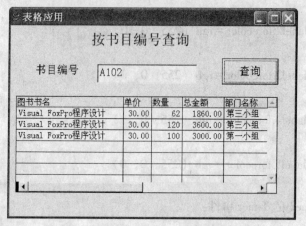

图 10 - 45　表格控件应用表单

（1）新建一个表单，在表单中添加 1 个"表格"控件（Grid1）、2 个"标签"控件、1 个"命令按钮"控制，设计表单控件的主要属性如表 10 - 15 所示。

表 10 - 15 表单及计时器主要属性设置

对象	属性	属性值	说明
Form1	Caption	表格应用	设置表单标题
Label1	Caption	按书目编号查询	第一个标签的标题
	Fontsize	16	第一个标签的字号大小
	FontName	楷体	第一个标签的字体
Label2	Caption	书目编号	第二个标签的标题
	Fontsize	16	第二个标签的字号大小
	FontName	楷体	第二个标签的字体
	Fontsize	16	第二个标签的字号大小
	FontName	楷体	第二个标签的字体
Text1	Fontsize	16	文本框的字号大小
Grid1	ColumnCount	5	表格列数
	RecordSourceType	4 - SQL 说明	表格数据源类型
	ScrollBars	2 - 垂直	表格数据源
Header1	Caption	图书书名	表格第一列标题
Header2	Caption	单价	表格第二列标题
Header3	Caption	数量	表格第三列标题
Header4	Caption	总金额	表格第四列标题
Header5	Caption	部门名称	表格第五列标题
Command1	Caption	查询	命令按钮标题

（2）设置表单和控件相关属性，并调整控件位置后，表单设计结果如图 10 - 46 所示。

图 10 - 46　表格控件布局

（3）打开"数据环境设计器"，添加图书库存表 .DBF、图书销售表 .DBF 和部门核算表 .DBF，将图书库存表 .DBF 中的书目编号拖到图书销售表 .DBF 的书目编号字段上，再将图书销售表 .DBF 的部门代码字段拖到部门核算表 .DBF 的部门代码字段上，三个表之间建立临时关系，如图 10 - 47 所示。

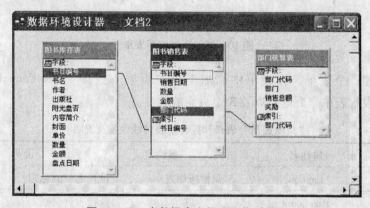

图 10 - 47　在数据表之间建立临时关系

（4）打开代码编辑窗口，为命令按钮 Command1 控件的 Click 编写事件代码，代码如下：

```
Select   a.书名，a.单价，b.数量，a.单价 * b.数量，c.部门；
from 图书库存表 a，图书销售表 b，部门核算表 c；
where a.书目编号 = b.书目编号 and b.部门代码 = c.部门代码；
and b.书目编号 = alltrim（thisform.text1.value）into cursor temp
thisform.grid1.recordsourcetype = 1
thisform.grid1.recordsource = " temp"
```

（5）设置表单的 Caption 属性为"表格应用"。

（6）将表单保存为"实验 10 _ 15.scx"，并运行表单。

运行表单时在文本框中输入书目编号，单击查询命令按钮，此时在表格框中显示每种书籍销售的单价、数量、总金额及部门情况。

【要点提示】

表单运行时，在文本框中输入书目编号，单击查询命令按钮，此时在表格框中显示每种书籍销售的单价、数量、总金额及部门情况。

【实验 10-16】设计一个"页框"应用示例的表单。表单中含有三个页面的页框控件，每个页面的标题分别为"销售登记"、"数据统计"、"删除记录"，在每页中分别相关控件，完成如页面标题所示的相应功能。表单运行后，如图 10-48 所示。

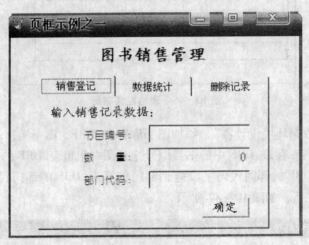

图 10-48 页框应用表单

（1）新建一个表单，在表单中添加 1 个"页框"控件（PageFrame1），并按表 10-16 所示设置表单、页框，以及 3 个页面的属性。

表 10-16　　　　　　"页框应用"表单和控件主要属性设置及说明

对象名	属性名	属性值	说明
Form1	Caption	页框应用之一	设置表单的标题
PageFrame1	PageCount	3	设置 3 页页框
Page1	Caption	销售登记	第 1 个页面的标题
Page2	Caption	数据统计	第 2 个页面的标题
Page3	Caption	删除记录	第 3 个页面的标题

（2）打开"数据环境设计器"窗口，添加图书销售表 .dbf。

（3）在属性窗口中，选中"对象"框中的 Page1，添加 4 个标签控件、3 个文本框控件和 1 个命令按钮控件。

（4）设置表单和控件相关属性，并调整控件位置后，表单设计结果如图 10-49 所示。

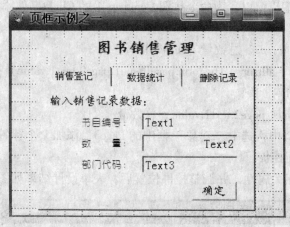

图 10 - 49　Page1 的控件布局

（5）打开代码编辑窗口，为命令按钮 Command1 的 Click 事件添加代码。

* 添加记录

A1 = Alltrim（Thisform.pageframe1.page1.text1.value）

A2 = date（）

A3 = Thisform.pageframe1.page1.text2.value

A4 = Alltrim（Thisform.pageframe1.page1.text3.value）

Insert into 图书销售表（书目编号，销售日期，数量，部门代码）；

value（A1，A2，A3，A4）

messagebox（"记录已经添加成功!"）

Thisform.pageframe1.page1.text1.value = "　　"

Thisform.pageframe1.page1.text2.value = 0

Thisform.pageframe1.page1.text3.value = "　　"

（6）在属性窗口中，选中"对象"框中的 Page2，添加 2 个标签控件、2 个文本框控件和 1 个命令按钮控件。进行相关字体和字号属性设置，并调整控件位置后如图 10 - 50 所示。

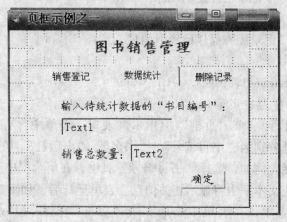

图 10 - 50　Page2 的控件布局

（7）打开代码编辑窗口，为命令按钮 Command1 的 Click 事件添加代码。

* 数据统计

Select sum（数量）as　总数量 from 图书销售表；

where 书目编号 = alltrim（Thisform.pageframe1.page2.text1.value）；

into cursor temp1

Thisform.pageframe1.page2.text2.value = 总数量

（8）在属性窗口中，选中"对象"框中的 Page3，添加 1 个标签控件、1 个文本框控件和 1 个命令按钮控件。

（9）设置控件相关属性，并调整控件位置后，表单设计结果如图 10 - 51 所示。

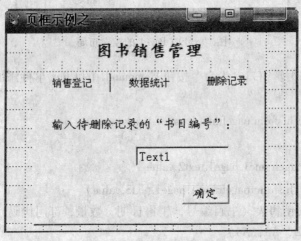

图 10 - 51　Page3 的控件布局

（10）打开代码编辑窗口，为命令按钮 Command1 的 Click 事件添加代码。

删除记录

if messagebox（"确实要逻辑删除该记录吗?"，4 + 48 + 512,"确认删除"）=6

　　delete from 图书销售表；

　　　　where 书目编号 = alltrim（Thisform. pageframe1. page3. text1. value）

　　messagebox（"该记录已经逻辑删除!"）

else

　　messagebox（"记录删除操作已经取消!"）

endif

　　Thisform. pageframe1. page3. text1. value = "　"

（11）将表单保存为"实验 10 _ 16.scx"，并运行表单。

【实验 10 - 17】设计一个"页框"应用示例表单。表单中含有三个页面的页框控件，每个页面的标题分别为"书目编号"、"书名"、"出版社"，在每页中分别相关控件，完成相应的功能。例如，选择"书目编号"页框，在组合框中选择 1 个书目编号，按回车键后，在相应文本框中将显示相关信息。表单运行后，如图 10 - 52 所示。

（1）新建一个表单，在表单中添加 1 个"页框"控件（PageFrame1），并按表 10 - 17 所示设置表单、页框，以及 3 个页面的属性。

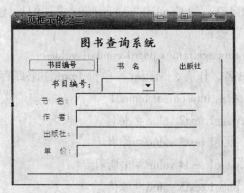

图 10-52　页框应用表单

表 10-17　　　　　"页框应用"表单和控件主要属性设置及说明

对象名	属性名	属性值	说明
Form1	Caption	页框应用之二	设置表单的标题
PageFrame1	PageCount	3	设置 3 页页框
Page1	Caption	书目编号	第 1 个页面的标题
Page2	Caption	书名	第 2 个页面的标题
Page3	Caption	出版社	第 3 个页面的标题

（2）打开"数据环境设计器"窗口，添加图书库存表 .DBF。

（3）单击选择"页框"控件 PageFrame1，然后单击右键，在弹出的菜单中选择"编辑"选项，此时"页框"控件的边框变为浅绿色虚框。

（4）选中"页框"中的"数目编号"（Page1），添加 5 个标签控件、4 个文本框控件和 1 个组合框。

（5）设置表单和控件相关属性，并调整控件位置后，表单设计结果如图 10-53 所示。

图 10-53　Page1 的控件布局

其中组合框 Combo1 的 Rowsourcetype 属性设置为 6-字段，Rowsource 属性设置为图书库存表 .数目编号。

（6）打开代码编辑窗口，为 Combo1 的 Lostfours 事件编写代码。

＊根据"书目编号"查询。

A1 = Alltrim（Thisform.pageframe1.page1.combo1.value）

select 书目编号，书名，作者，出版社，单价 from 图书库存表；

where　书目编号 = A1　into cursor temp01

Thisform.pageframe1.page1.text2.value = 书名

Thisform.pageframe1.page1.text3.value = 作者

Thisform.pageframe1.page1.text4.value = 出版社

Thisform.pageframe1.page1.text5.value = 单价

（7）选中"页框"中的"书名"（Page2），添加 1 个标签控件、1 个文本框控件和 1 个表格控件。进行相关字体和字号属性设置，并调整控件位置后如图 10-54 所示。

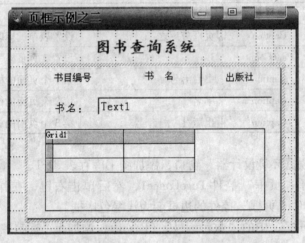

图 10-54　Page2 的控件布局

（8）打开代码编辑窗口，为 Text1 控件的 Lostfours 事件编写代码。

＊根据"书名"查询。

A1 = Alltrim（Thisform.pageframe1.page2.text1.value）

select 书目编号，书名，作者，出版社，单价 from 图书库存表；

where　书名 = A1　into cursor temp01

if reccount（）＜＞0

　　　Thisform.pageframe1.page2.grid1.recordsourcetype = 1

　　　Thisform.pageframe1.page2.grid1.recordsource = "temp01"

else

　　　messagebox（"此书名未找到！"）

endif

（9）选中"页框"中的"出版社"（Page3），添加 1 个标签控件、1 个文本框控件和 1 个表格控件。

（10）设置控件相关属性，并调整控件位置后，表单设计结果如图 10-55 所示。

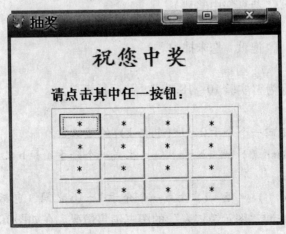

图 10 − 55　Page3 的控件布局

（11）打开代码编辑窗口，为 Text1 控件的 Lostfours 事件编写代码。

A1 = Alltrim（Thisform.pageframe1.page3.text1.value）

select 书目编号，书名，作者，出版社，单价 from 图书库存表；

where　出版社 = A1　into cursor temp01

if reccount（）＜＞0

　　Thisform.pageframe1.page3.grid1.recordsourcetype = 1

　　Thisform.pageframe1.page3.grid1.recordsource = "temp01"

else

　　messagebox（"此书目未找到!"）

endif

（12）将表单保存为"实验 10 _ 17.scx"，并运行表单。

【实验 10 − 18】某单位举行抽奖活动，在如图 10 − 56 所示表单的 12 个按钮中，由系统随机设定其中一个按钮为"中奖"按钮。参与者可以在 12 个按钮中点击其一，以决定是否中奖。

图 10 − 56　命令按钮组示例

（1）新建一个表单，在表单中添加 2 个"标签框"控件（Label1 和 Label2），并设置其 Caption 属性。

（2）添加 1 个"命令按钮组"控件（Commandgroup1），设置 ButtonCount 为 16。

（3）通过鼠标拖动，调整各控件的布局位置为 4×4。

（4）调整"命令按钮"大小和提示。通过配合 Shift 键，选中全部"命令按钮"，然后设置所有的 Caption 属性为"*"，Hight 属性为 25，Width 属性为 50。

（5）利用←↑→↓键微调各"命令按钮"的位置。

（6）设置表单和控件相关属性，并调整控件位置后，表单设计结果如图 10-57 所示。

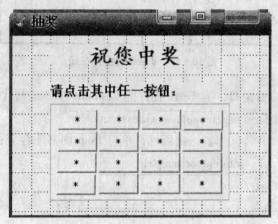

图 10-57　"命令按钮组"的布局

（7）打开表单的代码编辑窗口，为表单和控件添加事件代码。

① Form1 的 Init 事件代码如下：

public x 　　&& 设置公共变量，使其在所有表单中均有效

x = int（rand（）*15 +1）

② Commandgroup1 控件的 Click 事件代码如下：

if this.value = x

　　　messagebox（"恭喜您中奖!"）

else

　　　messagebox（"抱歉。您未抽中。"）

endif

（8）将表单保存为"实验 10_18.scx"，并运行表单。

【要点提示】

Rand（）函数返回一个介于 0~1（包括 1）的随机数。

可利用表达式 Rand（）*（b-a）+a 生成一个介于 a 和 b 之间（包括 a、b）的随机数。

表达式 int（rand（）*15 +1）生成一个介于 1~16 之间（包括 1 和 16）的整数。

【实验 10-19】查询"图示销售表"的图书销售情况。在如图 10-58 所示表单的 4 个按钮中，点击其中一个按钮，查询对应的部门的图书销售。

图 10-58　图书销售情况查询

（1）新建一个表单，添加 1 个"命令按钮组"控件（Commandgroup1），设置 But-tonCount 为 3。

（2）通过鼠标拖动，调整各控件的布局位置。

（3）调整"命令按钮"大小和提示。通过配合 Shift 键，选中全部"命令按钮"，设置所有的 Hight 属性为 25，Width 属性为 120。然后分别设置 Caption 属性为"第一部门"、"第二部门"和"第三部门"。

（4）利用←↑→↓键微调各"命令按钮"的位置。

（5）在表单中添加 1 个"表格"控件 Grid1，并设置其 ColumnCount 属性为 4。Column.Header 属性分别为"书目编号"、"销售日期"、"销售数量"和"部门代码"。

（6）设置表单和控件相关属性，并调整控件位置后，表单设计结果如图 10-59 所示。

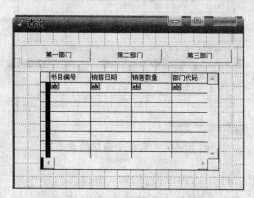

图 10-59　"命令按钮组"的布局

（7）打开代码编辑窗口，为"命令按钮组"控件的 Click 事件添加事件代码。

```
do case
case this.value = 1
    select 书目编号，销售日期，数量，部门代码 from 图书销售表；
    where 部门代码 = "01"    into cursor tmp01
case this.value = 2
    select 书目编号，销售日期，数量，部门代码 from 图书销售表；
```

```
        where 部门代码 = "02"    into cursor tmp01
case this.value = 3
        select 书目编号，销售日期，数量，部门代码 from 图书销售表；
        where 部门代码 = "03"    into cursor tmp01
endcase
thisform.grid1.recordsourcetype = 1
thisform.grid1.recordsource = "tmp01"
```

（8）将表单保存为"实验10_19.scx"，并运行表单。

【实验10-20】设计一个有3个表单的"表单集"（Formset1）。表单集执行后如图10-60所示。实现功能如下：

如果在 Form1 中的文本框 Txet1 中输入"书目编号"，在选项按钮组 Optiongroup1中选择"按书目编号查询"，单击"查询"命令按钮后，实现根据"书目编号"在"商品销售表"中查询，查询的相应数据在 Form2 的表格控件 Grid1 中显示。

如果在 Form1 中的文本框 Txet1 中输入"部门代码"，在选项按钮组 Optiongroup1中选择"按部门代码查询"，单击"查询"命令按钮后，实现根据"部门代码"在"商品销售表"中查询，查询的相应数据在 Form3 的表格控件 Grid1 中显示。

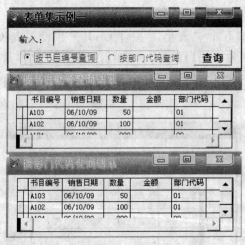

图 10-60 有两个表单的表单集

（1）新建一个表单，打开"表单设计器"窗口，自动生成一个表单 Form1。

（2）打开"表单"菜单，单击"创建表单集"命令。

（3）再次打开"表单"菜单，单击"添加新表单"命令，向表单集中增加表单Form2。适当调整表单 Form2 的大小和位置。

（4）再次打开"表单"菜单，单击"添加新表单"命令，向表单集中增加表单Form3。适当调整表单 Form3 的大小和位置。结果如图 10-61 所示。

（5）打开"数据环境设计器"，添加图书销售表 .DBF。

（6）设置表单集中的表单控件的主要属性，如表 10-18 所示。

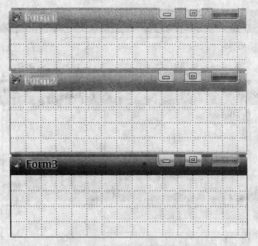

图 10 - 61　　添加表单到表单集中

表 10 - 18　　　　　　　　"表单集示例一"表单属性设置

对象名	属性名	属性值
Formset1.Form1	Caption	表单集示例一
Formset1.Form2	Caption	按书目编码查询结果
Formset1.Form3	Caption	按部门代码查询结果

（7）在表单 Form1 中添加 1 个标签控件（Label1），1 个文本框控件（Text1）、1 个选项按钮组（Optiongroup1），1 个命令按钮控件（Command1），并设置控件的位置、大小和相关文字说明，如表 10 - 19 所示。

表 10 - 19　　　　　"表单集应用"表单和控件主要属性设置及说明

对象名	属性名	属性值
Formset1.Form1.Label1	Caption	输入
Formset1.Form1.Optiongroup1	value	1
Formset1.Form1.Command1	Caption	查询

（8）在表单 Form2 中添加一个"表格"控件（Grid1），并设置控件的位置和大小。

（9）在表单 Form3 中添加一个"表格"控件（Grid1），并设置控件的位置和大小。

设置控件相关属性后，表单设计结果如图 10 - 62 所示。

图 10 - 62　添加控件到表单集的表单中

（10）打开代码编辑窗口，为 Formset1.Form1.Command1 的 Click 事件编写代码。

＊表单集查询程序。

A1 = Alltrim（Thisformset.form1.text1.value）

if Thisformset.form1.optiongroup1.value = 1

select ＊ from 图书销售表 where　书目编号 = A1　into cursor temp01

　　if reccount（）＜＞0

　　　　thisformset.form2.grid1.recordsourcetype = 1

　　　　thisformset.form2.grid1.recordsource = " temp01"

　　else

　　　　　messagebox（"此书目没有销售记录!"）

　　endif

else

　　select ＊ from 图书销售表 ；

　　　　where　部门代码 = A1　into cursor temp02

　　if reccount（）＜＞0

　　　　thisformset.form3.grid1.recordsourcetype = 1

　　　　thisformset.form3.grid1.recordsource = " temp02"

　　else

　　　　　messagebox（"此部门没有销售记录!"）

　　endif

endif

（11）将表单保存为"实验 10 _ 20.scx"，并运行表单。

【实验 10 - 21】设计一个有 2 个表单的表单集（Formset1）。该表单可实现功能
如下：

如果在 Form1 中的表格 Grid1 中"图书库存表"点击一条记录，则 Form2 中的表格 Grid1 中将显示该书目在"图书销售表"中的销售记录。表单集执行后如图 10 - 63 所示。

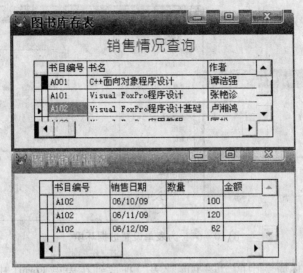

图 10 - 63　有两个表单的表单集

（1）新建一个表单，打开"表单设计器"窗口，自动生成一个表单 Form1。

（2）打开"表单"菜单，单击"创建表单集"命令。

（3）再次打开"表单"菜单，单击"添加新表单"命令，向表单集中增加表单 Form2。适当调整表单 Form1 和 Form2 的大小和位置。

（4）在表单 Form1 上添加标签 Label1。

（5）设置表单集中的表单控件的主要属性，如表 10 - 20 所示。

表 10 - 20　　　　　　　　　　　　　　"表单集示例二"表单属性设置

对象名	属性名	属性值
Formset1.Form1	Caption	图书库存表
Formset1.Form2	Caption	图书销售情况
Formset1.Form1.lable1	Caption	图书销售情况查询

（6）打开"数据环境设计器"，添加图书库存表 .dbf 和图书销售表 .dbf 并按"书目编号"建立关联，如图 10 - 64 所示。

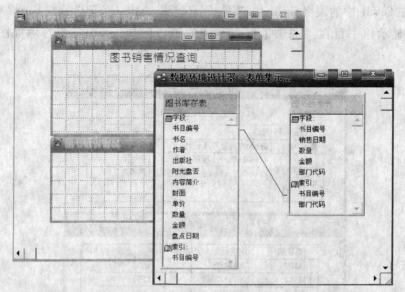

图 10-64　为表单设置数据环境

（7）将"数据环境"中的"图书库存表"拖放到在表单 Form1 中，表中自动添加一个"表格"控件（Gid 图书库存表），调整"表格"控件的位置和大小。

（8）将"数据环境"中的"图书销售表"拖放到在表单 Form2 中，表中自动添加一个"表格"控件（Grd 图书销售表）。设置表单和控件相关属性，并调整"表格"控件的位置和大小后，表单设计结果如图 10-65 所示。

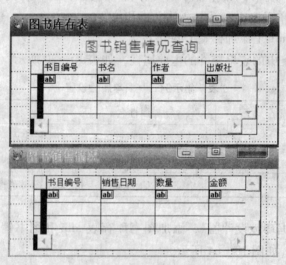

图 10-65　表单集设计结果

（9）将表单保存为"实验 10_21.scx"，并运行表单。

11 报表设计及应用

11.1 习题

一、选择题

1. 设计报表不需要定义报表的_____。

A）标题　　　　B）页标头　　　　C）输出方式　　　D）细节

2. 报表控件没有_____。

A）标签　　　　B）线条　　　　C）矩形　　　　D）命令按钮控件

3. 修改报表使用的命令是_____。

A）modify report　B）do　　　C）report form　　D）modify command

4. 若要使报表输出时，每一个字段占一行，应使用的布局类型是_____。

A）列报表　　　B）行报表　　　C）一对多报表　　D）多栏报表

5. 在报表的页面设置中，把页面布局设置为两列，其含义是_____。

A）每页只输出两列字段值　　　　B）一行可以输出两条记录

C）一条记录可以分成两列输出　　　D）两条记录可以在一列输出

6. 在报表设计器中，任何时候都可以使用"预览"功能查看报表的打印效果。以下操作中，不能实现预览功能的是_____。

A）选择"显示"菜单中的"预览"命令

B）选择"快捷"菜单中的"预览"命令

C）单击常用工具栏上的"打印预览"按钮

D）选择"报表"菜单中的"运行报表"命令

7. 下列关于快速报表的叙述中，正确的是_____。

A）快速报表就是报表向导

B）快速报表的字段布局有三种样式

C）快速报表所设置的带区是标题、细节和总结

D）在报表的细节带区已添加了域控件，就不能使用快速报表方法

8. 下列选项中，不能用来创建报表的是_____。

A）报表向导　　　B）快速报表　　　C）报表生成器　　D）报表设计器

9. 使用报表向导创建报表的步骤中，不包括_____。

A）字段选取　　　　B）建立索引　　　　C）分组记录　　　　D）定义报表布局

10. 在"项目管理器"下为项目建立一个新报表，应该使用的选项卡是_____。

A）数据　　　　B）文档　　　　C）类　　　　D）代码

11. 报表文件的扩展名为_____。

A）.FRX　　　　B）.FMT　　　　C）.FRT　　　　D）.LBX

12. 项目中的_____选项卡包含对报表的管理。

A）数据　　　　B）文档　　　　C）代码　　　　D）其他

13. 下列不属于报表设计器中特有的工具栏的是_____。

A）报表设计器　　　B）报表控件　　　C）布局　　　D）打印预览

14. 使用数据环境可为报表添加数据。下列不属于打开数据环境的命令的是_____。

A）"显示"菜单中的"数据环境"

B）"快捷"菜单中的"数据环境"

C）"报表设计器工具栏"中的"数据环境"

D）"报表控件工具栏"中的"数据环境"

15. 下列选项中，属于报表控件的是_____。

A）标签　　　　B）预览　　　　C）数据源　　　　D）布局

16. 双击报表中的某个域控件，将打开"报表表达式"对话框。在该对话框中不能设置的内容有_____。

A）格式　　　　B）计算　　　　C）颜色　　　　D）打印条件

17. 报表中的数据源不能是_____。

A）表　　　　B）视图　　　　C）SQL 的查询结果　D）数据库

18. 在"报表设计器"中，可以使用的控件为_____。

A）标签、域控件和线条　　　　　B）标签、域控件和列表框
C）标签、文本框和组合框　　　　D）文本框、布局和数据源

19. 报表中的数据源可以是_____。

A）自由表或其他报表　　　　　B）数据表、自由表或视图
C）数据表、自由表或查询　　　　D）表、SQL 的查询或视图

20. 在报表设计中，通常对每一个字段都有一个说明性文字，完成这种说明文字的报表控件是_____。

A）标签控件　　　B）域控件　　　C）线条控件　　　D）矩形控件

21. 调用报表格式文件 PP1 预览报表的命令是_____。

A）REPORT FROM PP1 PRVIEW　　　　B）DO FROM PP1 PREVIEW
C）REPORT FORM PP1 PRVIEW　　　　D）DO FORM PP1 PREVIEW

22. VISUAL FOXPRO 的报表文件 .FRX 中保存的是_____。

A）打印报表的预览格式　　　　　B）打印报表本身
C）报表的格式和数据　　　　　　D）报表设计格式的定义

23. 在创建快速报表时，基本带区包括_____。

A）标题、细节和总结　　　　　　B）页标头、细节和页注脚

C）组标头、细节和组注脚   D）报表标题、细节和页注脚

24. 报表的标题打印方式是_____。

A）每个报表打印一次   B）每页打印一次

C）每列打印一次   D）每组打印一次

25. 下列不属性报表的布局类型的是_____。

A）行报表   B）列报表   C）一对多报表   D）多对多报表

26. 在报表中打印当前时间，这时应在报表中插入一个_____。

A）表达式控件   B）域控件   C）标签控件   D）文本控件

27. 调用报表格式文件的 BB 预览报表的命令是_____。

A）REPORT FROM BB PREVIEW   B）DO FROM BB PREVIEW

C）REPORT FORM BB PREVIEW   D）DO FORM BB PREVIEW

28. 报表的数据源不一定需要设置，当报表的数据源是一个_____或 SELECT _ SQL 语句时，需要用户编程控制报表运行。

A）临时表   B）视图   C）查询文件   D）表单

29. 在报表设计器对话框中，若要进行数据分组，则依据_____。

A）查询   B）排序   C）分组表达式   D）以上都不是

30. 报表布局包括_____等设计工作。

A）报表的表头和表尾

B）报表的表头、字段及变量的安排和报表的表尾

C）字段和变量的安排

D）以上均不对

31. 要创建快速报表，可选择"报表"菜单的_____命令。

A）快速报表   B）打开   C）常规选项   D）菜单选项

32. 报表的数据源可以是数据库表、视图、查询或_____。

A）记录   B）表单   C）临时表   D）程序

33. 使用报表向导定义报表时，定义报表布局的选项是_____。

A）列数、方向、字段布局   B）列数、行数、字段布局

C）行数、方向、字段布局   D）列数、行数、方向

34. 为了在报表中打印当前时间，这时应该插入一个_____。

A）表达式控件   B）域控件   C）标签控件   D）文本控件

二、填空题

1. 创建报表的最佳工具是报表_____。

2. 定义报表标题的控件是_____。

3. 为了在报表中插入一个文字说明，应该插入的控件是_____。

4. 当报表设计完成后，如果要预览报表，可以使用快捷菜单或_____菜单中的"预览"命令。

5. 如果要打开报表设计器中的工具栏，可以选择_____菜单中的_____命令。

6. "计时器控件"是利用_____来控制具有规律性的周期任务的定时操作。

7. 报表控件工具栏中最重要的控件是_____。

8. 多栏报表是通过_____和对话框中的_____设置的。

9. 若要对报表中的数据进行分组输出设计，应使用_____菜单中的_____命令。

10. 在一个表单中有一个"打印报表"命令按钮，其功能是在打印机上输出报表：学生 .FRX，在命令按钮的 CLICK 事件的代码中应输入的命令是_____。

11. 为了使报表更美观，数据分类更为直观，在报表中可以加入的控件是矩形、圆及_____等。

12. 双击报表中的某个域控件或单击"报表控件"工具栏中的"域控件"按钮后，在带区相应位置单击，将弹出的对话框是_____。

13. 在 Visual Foxpro 中，报表数据的来源是_____，用于定义报表中各个输出内容的位置和格式的是_____。

14. 调整报表设计器中被选控件的相对位置或大小可使用_____工具栏中的按钮。

15. 如果已对报表进行了数据分组，报表会自动包含_____和_____带区。

16. 若要为报表添加某个数据表的内容，可以直接将数据环境中表的字段拖到报表设计器中，也可以使用_____工具栏中的_____按钮。

17. 若要为报表添加一个标题，应当增加一个标题带区，其方法是选择_____菜单中的_____命令。

18. 在报表的布局类型中，"学生登记表"属于_____，而"发票"则属于_____布局类型。

19. 若要将项目管理器中的一个文件删除，应先选_____命令按钮，再选_____命令按钮。

11.2　实验

一、实验目的

1. 掌握用"报表向导"创建报表的方法和操作。
2. 掌握创建快速报表的方法。
3. 熟悉报表格式的设计。

二、实验内容

【实验 11 - 1】利用报表向导创建报表文件。

（1）在项目管理器对话框中，单击"文档"选项卡中的"报表"项，如图 11 - 1 所示。

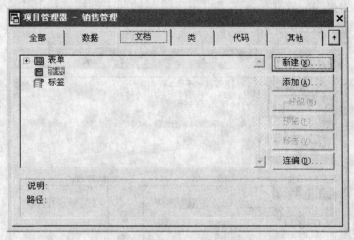

图 11-1 项目管理器-文档选项卡

（2）单击"新建"按钮，打开"新建报表"对话框。单击"报表向导"按钮，如图 11-2 所示。

图 11-2 新建报表对话框

（3）打开"向导选取"对话框。在向导选取对话框中选择"报表向导"，单击"确定"按钮，如图 11-3 所示。

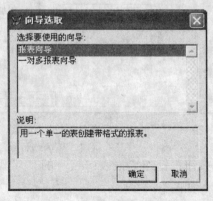

图 11-3 向导选取对话框

（4）打开"报表向导"的"步骤 1-字段选取"对话框。在"步骤 1-字段选取"对话框中，在"数据库和表"的下拉式选项框中选择"图书营销"数据库，单击"图书库存表"作为报表的数据源,在"可用字段"的列表框中选择其中一部分,也可选择全部字段。如图 11 - 4 所示。

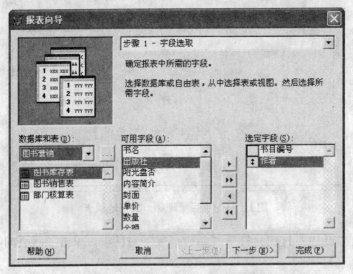

图 11 - 4　报表向导步骤 1 - 字段选取

(5)单击"下一步"按钮进入"报表向导"的"步骤 2 - 分组记录"对话框,在这里要选择是否把表中记录按照某字段值分组统计输出,如图 11 - 5 所示。

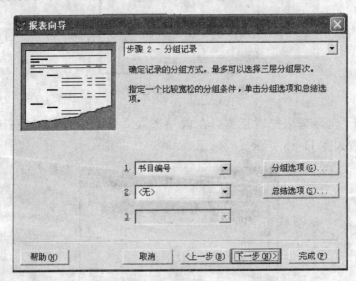

图 11 - 5　报表向导步骤 2 - 分组记录

(6)单击"下一步"按钮,打开"报表向导"的"步骤 3 - 选择报表样式",在"样式"中选择"简报式"。如图 11 - 6 所示。

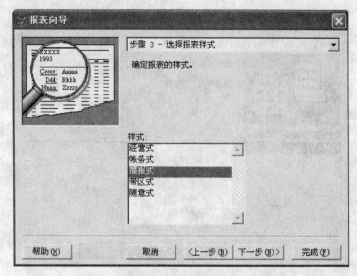

图 11 - 6　报表向导步骤 3 - 选择报表样式

（7）单击"下一步"按钮，打开"报表向导"的"步骤 4 - 定义报表布局"对话框。这一步骤是让用户设置打印页面的列数和打印方向，如无特殊需要，则选择默认值，如图 11 - 7 所示。

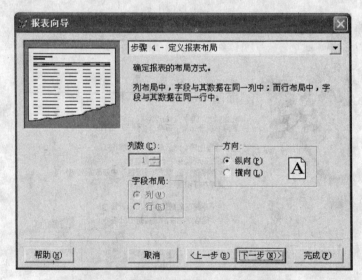

图 11 - 7　报表向导步骤 4 - 定义报表布局

（8）单击"下一步"按钮，打开"报表向导"的"步骤 5 - 排序记录"对话框。排序记录是指文件记录在报表输出时的排列顺序，最多可选择三个字段参与；也可选择该界面的单选按钮"升序"或"降序"来排列记录。此例中选择"升序"，如图 11 - 8 所示。

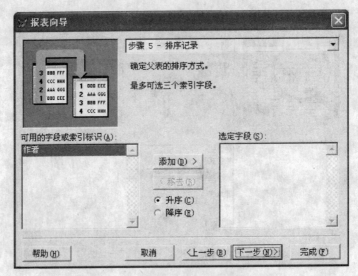

图 11 - 8　报表向导步骤 5 - 排序记录

（9）单击"下一步"按钮，打开"报表向导"的"步骤 6 - 完成"对话框，在"报表标题"文本框中输入：图书库存表。选择"保存报表以备将来使用"，如图 11 - 9 所示。

图 11 - 9　报表向导步骤 6 - 完成

（10）单击右下角的"预览"按钮，可预览报表效果。然后单击"步骤 6 - 完成"对话框中的"完成"按钮，完成报表的设计。预览效果如图 11 - 10 所示。

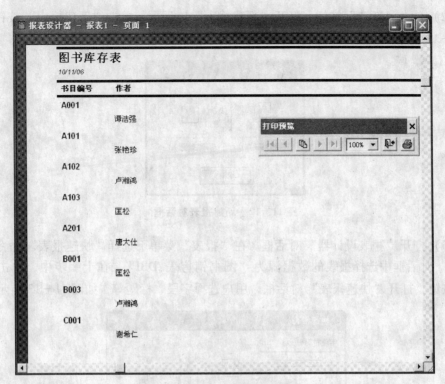

图 11 - 10　预览报表效果

【要点提示】

①选择"图书销售表"或"部门核算表"作为报表的数据源,重新建立若干个报表,熟悉建立和使用报表的方法。

②在向导步骤 2 - 分组记录中选择两层分组层次,观察生成的报表排序结果。

【实验 11 - 2】利用报表设计器创建一个快速报表。创建一个反映图书销售情况的报表。

(1) 在项目管理器中,单击"文档"选项卡中的"报表"项,如图 11 - 11 所示。

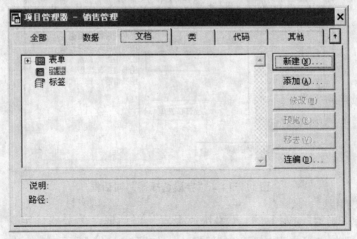

图 11 - 11　项目管理器 - 文档选项卡

（2）单击"新建"按钮，打开"新建报表"对话框，单击"新建报表"按钮，如图 11 – 12 所示。

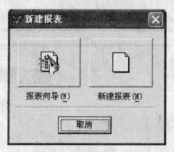

图 11 – 12　新建报表对话框

（3）打开"报表设计器"对话框。在"报表"菜单下选择"快速报表"命令，在"打开"对话框中选择报表的数据源为"图书销售表 .DBF"。在上一步中，单击"确定"按钮。打开"快速报表"对话框，用户选择字段、标题等，如图 11 – 13 所示。

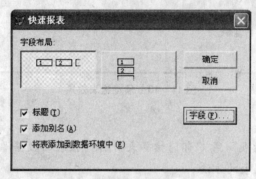

图 11 – 13　"快速报表"对话框

（4）单击"字段"按钮，打开"字段选择器"对话框，为报表选择可用的字段，如图 11 – 14 所示。

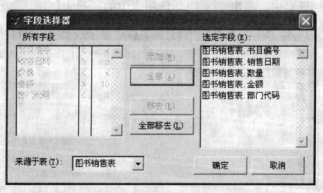

图 11 – 14　"字段选择器"对话框

（5）单击"确定"按钮，打开"快速报表"对话框，单击"确定"按钮，所创建的快速报表出现在"报表设计器"对话框中，如图 11 – 15 所示。

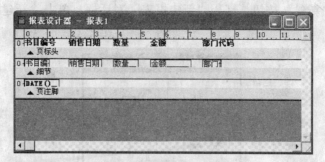

图 11 - 15　创建的快速报表

（6）单击"显示"菜单下"预览"命令可以预览报表效果，如图 11 - 16 所示。

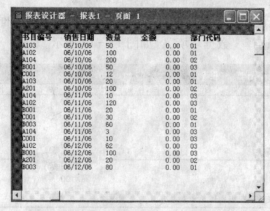

图 11 - 16　快速报表预览效果

【要点提示】

①思考创建快速报表的方法有哪些。

②试创建反映其他情况的快速报表。

【实验 11 - 3】使用报表控件创建快速报表。将其命名为"图书库存情况 .PRX"，要求按照书目编号输出图书库存的情况。

（1）在项目管理器中，单击"文档"选项卡中的"报表"项，如图 11 - 17 所示。

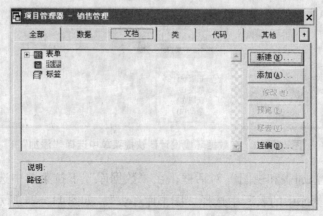

图 11 - 17　项目管理器 - 文档选项卡

（2）单击"新建"按钮，打开"新建报表"对话框，单击"新建报表"按钮，如图 11 - 18 所示。

图 11 - 18　新建报表对话框

（3）打开"报表设计器"对话框。在"报表设计器"对话框中，单击鼠标右键，在弹出的快捷菜单中选择"数据环境"，如图 11 - 19 所示。

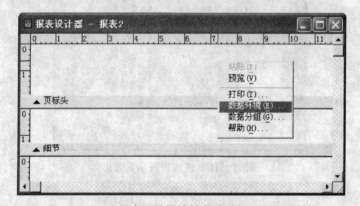

图 11 - 19　在报表设计器快捷菜单选择"数据环境"

（4）选择"数据环境"，打开"数据环境设计器"对话框。在"数据环境设计器"对话框中单击鼠标右键，在快捷菜单中选择"添加"命令，如图 11 - 20 所示。

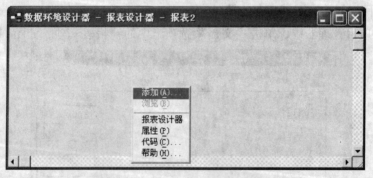

图 11 - 20　在数据环境设计器快捷菜单中选择"添加"

（5）打开"添加表和视图"对话框，在"数据库"下拉菜单中选择"图书营销"数据库，在"数据库中的表"中选择"图书库存表"，如图 11 - 21 所示。

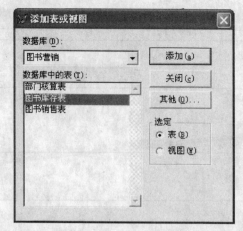

图 11-21 "添加表和视图"对话框

(6)单击"添加"按钮，将图书库存表添加到数据环境设计器中，如图 11-22 所示。

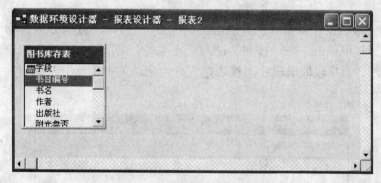

图 11-22 添加"图书库存表"

(7)激活报表设计器，在顶部工具栏中单击"报表"，在其下拉菜单中选择"标题/总结"命令，打开"标题/总结"对话框，选择"标题带区"项，单击"确定"按钮，如图 11-23 所示。

图 11-23 选择"标题带区"

(8)报表设计器顶端出现"标题"带区，如图 11-24 所示。

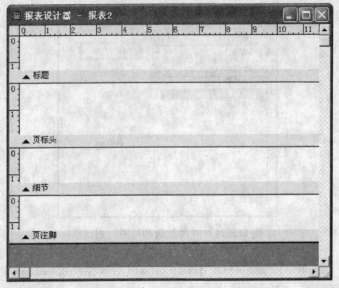

图 11 - 24　标题带区

（9）单击报表设计器顶部工具栏上的"报表"，选择"数据分组"命令，在"数据分组"对话框中单击"…"按钮，进入"表达式生成器"对话框，双击"图书库存表.书目编号"，该字段即出现在"按表达式分组记录"中，单击"确定"按钮。如图11-25所示。

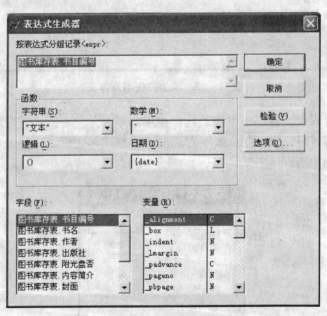

图 11 - 25　表达式生成器

（10）打开"数据分组"对话框，如图11-26所示。

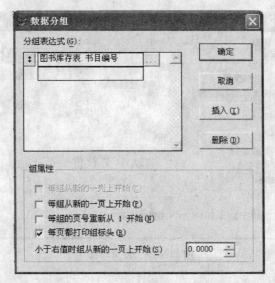

图 11-26 "数据分组"对话框

（11）单击"确定"按钮，关闭"数据分组"对话框，报表设计器中出现"组标头"带区和"组注脚"带区，如图 11-27 所示。

图 11-27 报表设计器中"组标头"带区和"组注脚"带区

（12）按如下要求设计报表格式：

① "标题"带区。添加一标签控件，内容为"图书库存情况"，在顶部工具栏中单击"格式"，将字体设置为：宋体、粗体、三号。如图 11-28 所示。

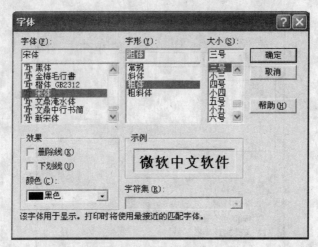

图 11-28 设置字体

②在标签控件的左边，添加一个"图片/ActiveX 绑定型控件"，如图 11-29 所示。

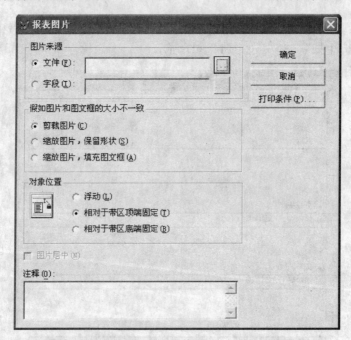

图 11-29 添加一个"图片/ActiveX 绑定型控件"

③用线条控件画两条水平线，如图 11-30 所示。

图 11-30　完成标题带区格式要求

④在"页标头"带区中添加 4 个标签控件，分别为：书名、作者、出版社、附光盘否。如图 11-31 所示。

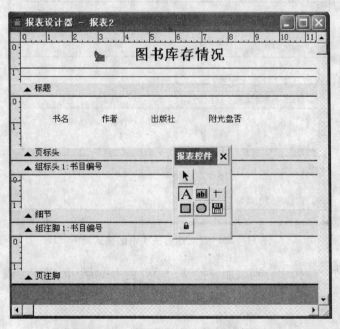

图 11-31　在页标头带区添加 4 个标签

⑤在"组标头 1"带区中添加一个标签控件，其内容为："书目"，一个域控件对应的表达式为：图书库存表.书目编号。如图 11-32 所示。

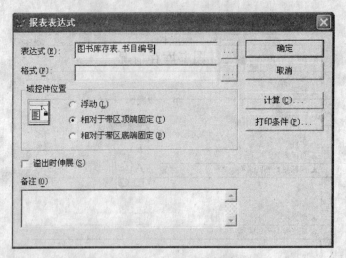

图 11-32　插入域控件

⑥在标签和域控件外面画一圆角矩，如图 11-33 所示。

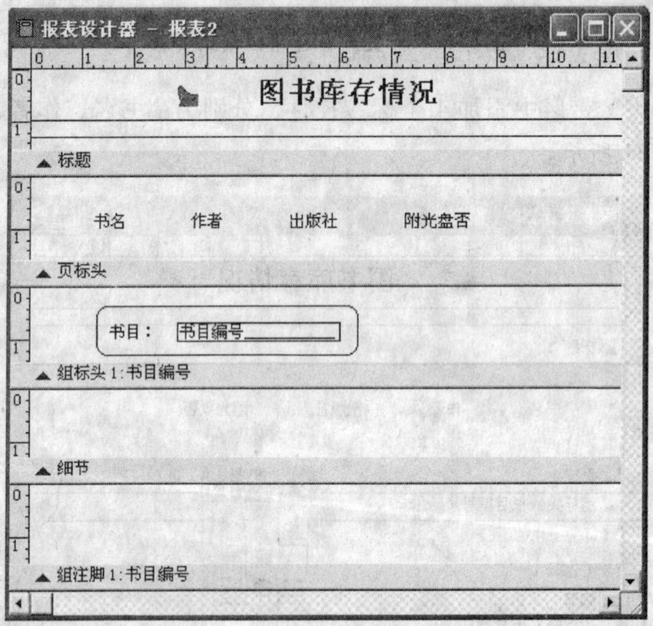

图 11-33　完成组标头 1 带区格式要求

⑦在"细节"带区中分别添加域控件，对应表达式为：图书库存表.书名、图书库存表.作者、图书库存表.出版社、IIF（图书库存表.附光盘否，"√"，"×"）。如图 11-34 所示。

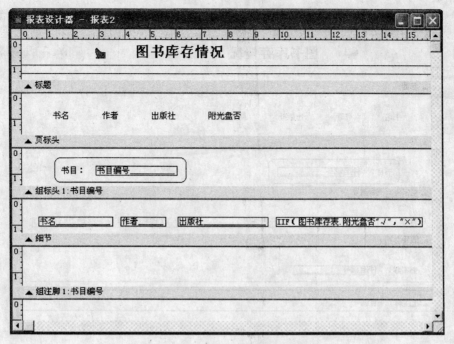

图 11-34 完成细节带区格式要求

⑧在"组注脚1"带区中添加一标签控件，内容为：书本数。再添加一个域控件，用于统计库存书本数。其方法是：在"报表表达式"栏中输入"图书库存表.书目编号"，单击"计算"按钮，打开"计算字段"对话框，选择"计数"选项。如图11-35所示。

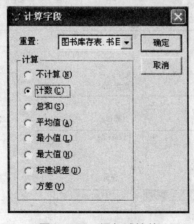

图 11-35 添加域控件

⑨用线条控件画出两条水平线，如图 11-36 所示。

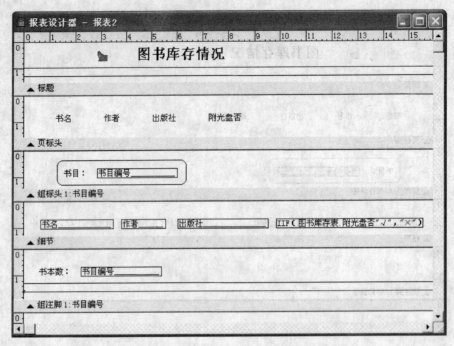

图 11-36 完成"组注脚1"带区格式要求

⑩在"页注脚"带区中添加 2 个标签控件,内容分别为"第"、"页"。然后在 2 个标签控件之间增加一个域控件,表达式选择系统变量_ Pageno。如图 11 - 37 和图 11 - 38 所示。

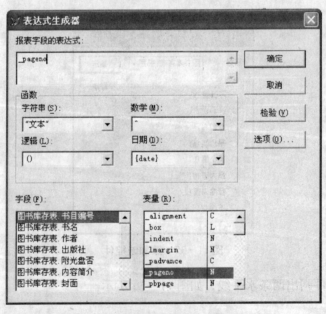

图 11-37 表达式选择系统变量_ Pageno

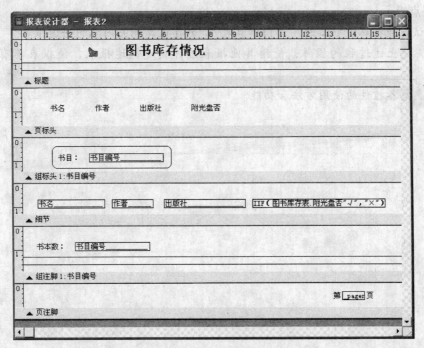

图 11-38　完成页注脚格式要求

（13）调整各控件的位置，保存报表文件：图书库存情况.PRX。预览效果如图
11-39 所示。

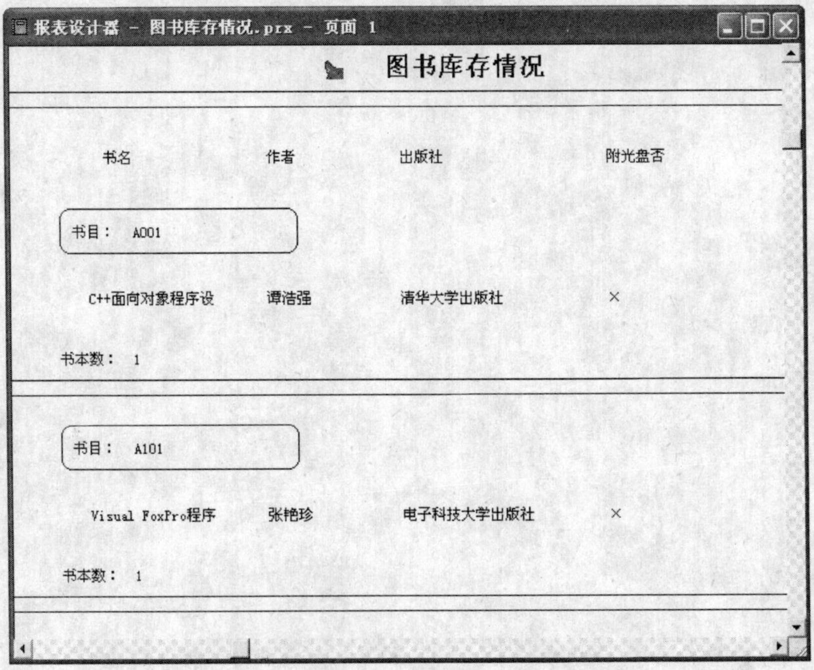

图 11-39　预览效果

【要点提示】

① 试在数据环境中添加"部门核算表",创建核算相关内容的快速报表。

② 熟悉上述过程的操作,使用其他报表控件创建快速报表,使报表具有不同的风格。

③ 熟悉各控件的使用方法和功能。

12 菜单设计及应用

12.1 习题

一、选择题：

1. 设计菜单时，不需要完成的操作是_____。

A）生成菜单程序　　　　　　　　　B）浏览表单
C）指定各菜单任务　　　　　　　　D）创建主菜单及子菜单

2. 假定已生成了名为 Mymenu 的菜单文件，执行该菜单文件的命令是_____。

A）Do Mymenu　　　　　　　　　　B）Do Mymenu.mpr
C）Do Mymenu.pjx　　　　　　　　D）Do Mymenu.mnx

3. 下面选项中，_____不是标准菜单系统的组成部分。

A）菜单栏　　　B）菜单标题　　　C）菜单项　　　　D）快捷菜单

4. 在菜单设计器中，若要将定义的菜单分组，应该在"菜单名称"列上输入_____字符。

A）|　　　　　　　B）-　　　　　　C）\ -　　　　　D）C

5. 执行 Visual FoxPro 生成的应用程序时，调用菜单后，菜单在屏幕上一晃即逝，这是因为_____。

A）需要连编　　　　　　　　　　　B）没有生成菜单程序
C）要用命令方式　　　　　　　　　D）缺少 Read Event 和 Clear EvEnts 命令

6. 可以在菜单设计器窗口右侧的_____列表框中查看菜单项所属的级别。

A）菜单项　　　　　B）菜单级　　　C）预览　　　　D）插入

7. 将一个设计好的菜单存盘，再运行该菜单，却不能执行，因为_____。

A）没有移动到项目中　　　　　　　B）没有生成菜单程序
C）要用命令方式　　　　　　　　　D）要编译

8. 主菜单在系统运行时，所起的作用是_____。

A）运行程序　　　B）打开数据库　　　C）调度整个系统　　D）浏览表单

9. 建立已经生成了名为 Mymenu 的菜单文件，执行该菜单文件的命令是_____。

A）DO Mymenu　　　　　　　　　　B）DO Mymenu.mpr
C）DO Mymenu.pjx　　　　　　　　D）DO Mymenu.mnx

10. 使用"菜单设计器"定义菜单，最后生成的菜单程序的扩展名是_____。

A）.MNX   B）.PRG   C）.MPR   D）.SPR

11. 如果菜单项的名称为"统计"，热键是 T，在菜单名称一栏中应输入_____。

A）统计（\ <T） B）统计（Ctrl + T） C）统计（Alt + T） D）统计（T）

12. 为了从用户菜单返回到系统菜单应该使用的命令是_____。

A）SET DEFAULT TO SYSTEM   B）SET MENU TO DEFAULT

C）SET SYSTEM TO DEFAULT   D）SET SYSMENU TO DEFAULT

二、填空题：

1. VFP 中进行菜单设计时，菜单有两种，即一般菜单和_____菜单。

2. 创建和打开菜单设计器的命令是_____。

3. 在菜单设计器中的"结果"栏的下拉列表中，包括：命令、填充名称、_____和_____。

4. 快捷菜单实质上是一个弹出式菜单，要将某个弹出式菜单作为一个对象的快捷菜单，通常是在对象的_____事件代码中添加调用弹出式菜单程序的命令。

5. 在菜单设计器中"结果"框中选择"过程"，然后单击_____按钮，这时出现一个过程编辑窗口，键入正确的代码。

6. 要将项目管理器中的某个文件设置为主控文件，可使用系统菜单栏中的_____菜单和_____菜单中的设置主控文件选项。

7. 命令 SET SYSTEMMENU TO DEFAULT 的结果是将_____设置为默认菜单。

8. 弹出式菜单可以分组，插入分组线的方法是在"菜单名称"项中输入_____两个字符。

9. 若要定义当前菜单的公共过程代码，应使用_____菜单中的"菜单选项"对话框。

10. 菜单设计是应用程序开发过程中的重要环节。当所要定义的菜单与 VFP 系统形式上或功能上比较相似时，可以使用_____功能，以提高工作效率。

12.2　实验

一、实验目的

1. 学习使用 VFP 菜单设计器，掌握 VFP 菜单的结构和特点。

2. 掌握 VFP 菜单的设计方法，创建、定义、生成、运行菜单。

3. 掌握 VFP 快捷菜单的设计方法。

4. 设计用户自己需要的菜单。

二、实验内容

【实验 12 - 1】创建一个菜单文件。其内容包括"数据维护"、"查询统计"、"打印报表"、"退出系统"四个菜单选修项。

（1）创建一个名为"菜单1"的菜单文件

①在 VFP 的系统下，单击"文件"菜单中"新建"按钮 ，在弹出的"新建"文件对话框，单击"菜单"按钮，如图 12-1 所示。

图 12-1　新建菜单对话框

在"新建菜单"对话框中单击"菜单"按钮，创建"菜单1"，进入"菜单设计器"窗口，如图 12-2 所示。

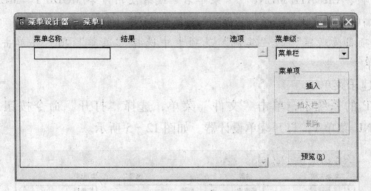

图 12-2　菜单设计器

②在"菜单设计器"窗口，定义主菜单中各子菜单项的名字，如图 12-3 所示。

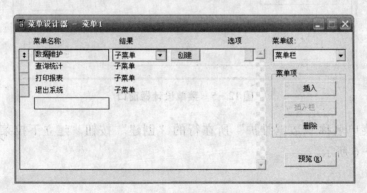

图 12-3　菜单设计器窗口

③"单击"文件菜单中的"保存"命令或按 Ctrl + W 键保存将文件保存到菜单1.MNX 的文件中。或者单击窗口的"关闭"按钮，进入"系统"窗口，显示如图 12-4 所示。

④在"系统"窗口，选择"是"按钮，结束创建主菜单。

图 12 - 4 保存菜单文件对话框

【要点提示】：

在 VFP 中创建菜单的方法有三种：

① 选择"文件"的"新建"命令，在新建对话框中选择"菜单"单选按钮，单击"新建"文件按钮，在"新建菜单"对话框中，如果选择"菜单"，将出现菜单设计器窗口，创建下拉菜单；如果选择"快捷菜单"，将出现快捷菜单设计器窗口，创建快捷菜单。

② 使用命令 CREATE MENU <菜单名>或者使用命令 MODIFY MENU <菜单名>创建或编辑菜单设计器窗口，创建扩展名为 .MNX 的菜单文件。

③ 在"项目管理器"的"其他"选项卡中选择"菜单"项，并单击"新建"按钮。创建菜单。

（2）创建子菜单

①在 VFP 的系统下，单击"文件"菜单，选择"打开"命令按钮或使用命令 MODIFY MENU 菜单1，打开菜单设计器。如图 12 - 5 所示。

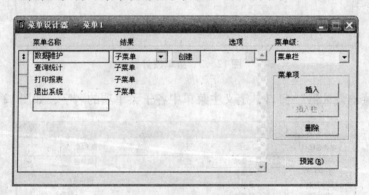

图 12 - 5 菜单设计器窗口

②选择菜单名称"数据维护"所在行的"创建"按钮。建立下拉菜单的四个选项，如图 12 - 6 所示。

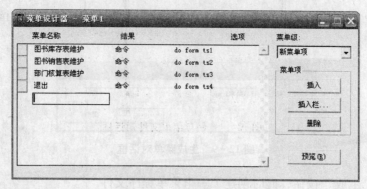

图 12 - 6　创建子菜单窗口

选择菜单名称"数据维护"所在行的"结果",如果菜单选项的任务由单条命令完成,则子菜单选择"命令";如果菜单选项由多条命令完成,则子菜单必须选择"过程";如果菜单选项还包括子菜单,则选择"子菜单"。

③"单击"文件菜单中的"保存"命令或按 Ctrl + W 键保存将文件保存到菜单1.MNX 的文件中。或者单击窗口的"关闭"按钮,进入"系统"窗口,显示如图 12 - 7 所示。

图 12 - 7　保存菜单文件对话框

④在"系统"窗口,选择"是"按钮,结束创建。

(3) 生成菜单程序及运行菜单

上面用"菜单设计器"设计的菜单文件扩展名为"菜单 1.MNX",通过生成器的转换,生成的菜单文件扩展名为"菜单 1.MPR",使用 DO 菜单 1.MPR 既可以调用菜单文件。

①在 VFP 的系统下,打开"文件"菜单,单击"打开"命令按钮,进入"菜单设计器"窗口,如图 12 - 8 所示。

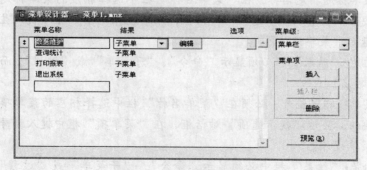

图 12 - 8　菜单设计器窗口

②在菜单栏中选择"菜单"选项中的"生成"选项，进入"生成菜单"窗口，如图 12 -9 所示。

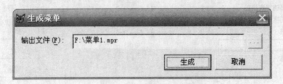

图 12 -9　生成菜单对话框

③单击"生成"按钮，此时创建了一个菜单程序文件。

运行"菜单 1.MPR"菜单程序文件。在系统窗口中，选择"程序"菜单中的运行命令，或者在命令窗口中，输入 DO 菜单 1.MPR 命令，如图 12 -10 所示。

图 12 -10　菜单运行结果

④如果要退回到系统窗口，在命令窗口中，输入 SET SYSMENU TO DEFAULT 命令。

【要点提示】

在上面操作中，"结果"可以分成命令、子菜单、填充名称和过程名四种。其中每部分的特点如下：

① 命令。该选项为菜单项定义一条命令。选择"结果"中的命令选项，在"结果"框右侧的框中，键入正确的命令。命令可以是任何有效的 VFP 命令，包括对程序和过程的调用，其中的程序要在指定的路径上。

② 填充名称或菜单项。如果是菜单栏中定义主菜单项，则显示"填充名称"；如果是定义子菜单项，则显示"菜单项#"。VFP 中每个菜单项都有一个显示名称与一个系统名称。在用户界面上使用一个显示名称，而在生成的菜单程序（.MPR）中使用另一个系统名称，可使用系统名称在运行时引用和控制菜单及菜单项。如果在创建菜单和菜单项时没有指定系统名称，在生成菜单程序时系统将会创建名称。

若要为菜单标题指定名称，在"菜单名称"栏中选择相应的菜单标题，选择"选项"栏中的按钮，显示"提示选项"对话框，在"主菜单名"框中键入主菜单名，选择"确定"返回"菜单设计器"。

应注意的是："结果"栏必须显示"命令"、"子菜单"或"过程"，而不是"填充名称"（主菜单名）。

若要为菜单项指定编号，必须在"菜单名称"栏中选择相应的菜单项，选择"选项"栏中的按钮，显示"提示选项"对话框，在"菜单项"框中键入编号，选择"确定"返回"菜单设计器"。

应注意的是："结果"栏中必须显示"命令"、"子菜单"或"过程"，而不能是"菜单项#"。

③ 子菜单。对于每个菜单项，都可以创建包含其他菜单项的子菜单。

创建子菜单的方法：在"菜单名称"栏中，选择要添加子菜单的菜单项，在"结果"框中，选择"子菜单"，此时"创建"按钮会出现在列表的右侧，如果已经有了子菜单，则此处出现的是"编辑"按钮，选择"创建"或"编辑"，在"菜单名称"栏中，键入新建的各菜单项的名称。

④ 过程。这是用来为菜单项定义一个过程。定义过程分成两种情况：

一是为不含有子菜单的菜单或菜单项指定过程，在"菜单名称"栏中，选择相应的菜单标题或菜单项，在"结果"框中，选择"过程"，"创建"按钮出现在列表的右侧。如果先前已定义了一个过程，则这里出现的是"编辑"按钮。选择"创建"或"编辑"，在窗口中键入正确的代码。

二是为含有子菜单的菜单指定过程。在"菜单级"框中，选择包含相应菜单或菜单项的菜单级，从"显示"菜单中，选择"菜单选项"菜单项。可以用下列方法之一指定一个过程：第一种，在"过程"框中编写或调用过程。或者选择"编辑"，然后再选择"确定"，打开独立的编辑窗口并编写或调用过程。第二种，如果是为含有子菜单的菜单指定过程，则选择包含在菜单中没有定义动作的子菜单，执行菜单的过程。

【实验 12 - 2】快捷菜单设计。建立一个具有"清除"、"剪切"、"复制"和"粘贴"功能快捷菜单，供浏览图书库存表使用。

（1）在 VFP 的系统下，打开"文件"菜单，单击"新建"按钮！，在弹出的"新建"文件对话框，单击"菜单"按钮。选择"新建文件"按钮，在"新建文件"对话框中，选择"快捷菜单"按钮，创建"菜单 2"文件。如图 12 - 11 所示。

图 12 - 11   新建菜单对话框

（2）在"快捷菜单设计器"中，选择"插入栏"按钮，在"插入系统菜单栏"对话框中选择"清除"选项，单击"插入"按钮，再单击"关闭"按钮，返回到菜单设计器窗口。如图 12 - 12、图 12 - 13 所示。

图 12 - 12　插入系统菜单对话框

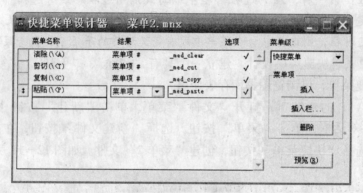

图 12 - 13　快捷系统菜单窗口

（3）"单击"文件菜单中的"保存"命令或按 Ctrl + W 键保存将文件保存到菜单 2.MNX 的文件中。

（4）在菜单栏中选择"菜单"选项中的"生成"选项，进入"生成菜单"窗口，如图 12 - 14 所示。

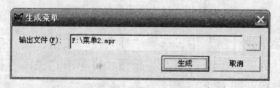

图 12 - 14　生成菜单对话框

（5）单击"生成"按钮，此时创建了一个菜单 2.MPR 的菜单程序文件。

编写调用程序 P1.PRG，程序如下：

```
CLEAR ALL
PUSH KEY CLEAR
ON KEY LABEL RIGHTMOUSE DO 菜单 2.mpr
USE 图书库存表 .DBF
```

BROWSE

USE

PUSH KEY CLEAR

（6）执行命令 DO P1.PRG 程序，出现图书库存表的浏览窗口，单击右键，则出现快捷菜单，如图 12-15 所示。

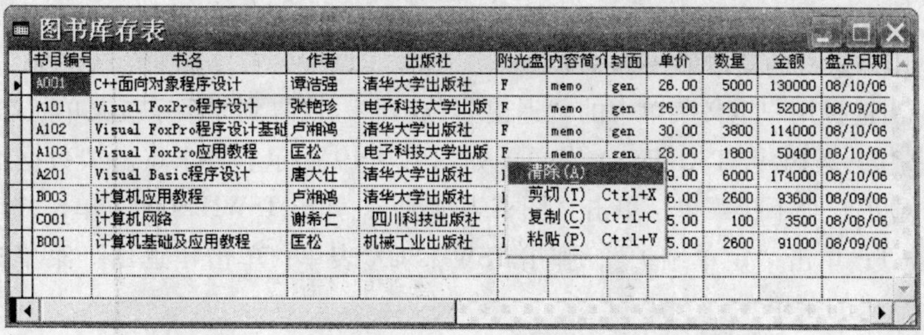

图 12-15　查询结果

【实验 12-3】设计一个图书管理系统（TSGL）菜单的菜单栏。如图 12-16 所示。

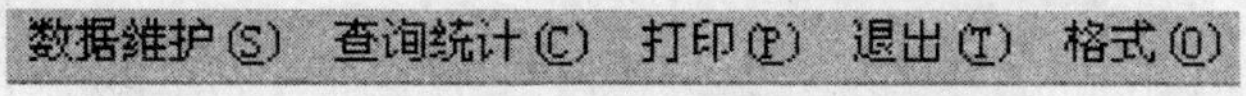

数据维护(S)　查询统计(C)　打印(P)　退出(T)　格式(O)

图 12-16　图书定购系统菜单的菜单栏

（1）在命令窗口中输入命令：MODIFY MENU　TSGL，打开"菜单设计器"窗口。如图 12-17 所示。

图 12-17　菜单设计器

（2）设置条形菜单的菜单项。菜单名称中依次输入四个菜单标题，如图 12-16 所示。

（3）为菜单设计"退出"定义过程代码。单击"菜单项"结果"列上"创建按钮，打开文本编辑窗口，输入下面两行代码：

SET SYSMENU NOSAVE

SET SYSMENU TO DEFAULT

（4）按 Ctrl+W 键保存菜单，在对话框中输入 TSGL.SCX 文件名。选择"菜单"菜单的"生成"命令，在"生成菜单"对话框中选择"生成"按钮，如图 12-18 所示。

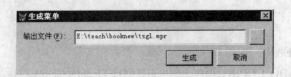

图 12-18 生成菜单对话框

（5）运行菜单。在命令窗口中，输入 DO TSGL.MPR 命令，此时，窗口中的系统菜单已改为用户定义的菜单形式。

（6）当选择用户定义菜单中的"退出"选项时，恢复到原来系统菜单状态。

【实验 12-4】修改 TSGL.MNX 菜单，如图 12-19 所示。要求点击"数据维护"菜单标题，显示一个下拉菜单，单击"图书表维护"，弹出 TSWH.SCX 表单，并设计快捷键为 Ctrl + T；单击"定单维护"，弹出 TSWH.SCX 表单；单击"退出"菜单标题，恢复到系统默认的菜单。

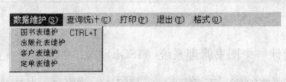

图 12-19 图书定购系统菜单

（1）使用 MODIFY MENU TSGL 命令，打开菜单设计器。

（2）为"数据维护"创建下拉菜单，选择菜单名称"数据维护"所在行的"结果"，然后选择"子菜单"，单击"创建"按钮，切换到子菜单的设计窗口，建立下拉菜单的四个选项，如图 12-20 所示。

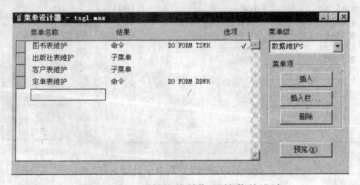

图 12-20 "数据维护"下拉菜单设计

（3）为"图书表维护"定义快捷键。选择"图书表维护"行的选项按钮□，在"提示选项"对话框的键标签中，用鼠标选中文字，按 Ctrl + T 键，再按"确定"返回菜单设计器，如图 12-21 所示。

图 12 - 21　选项对话框

（4）保存菜单，生成菜单，运行菜单，单击用户菜单退出，则恢复系统菜单的显示。

【要点提示】

实现一个菜单的设计，主要经过四个步骤，第一步是调用菜单设计器，创建一个扩展名为 .MNX 的菜单文件；第二步是在"菜单设计器"窗口中定义菜单，制指定菜单的各项内容，如菜单项的名称、快捷键等；第三步是生成扩展名为 .MPR 的执行菜单程序文件；第四步是运行菜单程序文件，使用 DO 菜单文件名 .MPR 命令运行，但菜单文件的扩展名不能省略。

【实验 12 - 5】为某个表单设计建立一个快捷菜单，快捷菜单的选项有：时间、日期、变小、变大、清除。当选择时间和日期时，在表单的标题栏上将变成当前时间或日期，选中变小或变大，当前表单窗口将缩小或放大百分之二十。当选择恢复标题栏时，当前表单窗口标题将回到快捷菜单设计器画面。

（1）在 VFP 的系统下，单击"文件"菜单中"新建"按钮 □，在弹出的"新建"文件对话框，单击"表单"按钮。选择"新建文件"按钮，创建"表单 1"，如图 12 -22 所示。

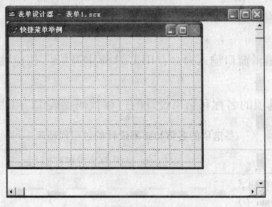

图 12 - 22　创建表单 1 文件

（2）在 VFP 的系统下，单击"文件"菜单中"新建"按钮□，在弹出的"新建"文件对话框，单击"菜单"按钮。选择"新建文件"按钮，在"新建文件"对话框中，选择"快捷菜单"按钮，创建"快捷菜单"文件。或者在命令窗口中输入命令：MODIFY MENU 快捷菜单，打开"菜单设计器"窗口。如图 12 - 23、图 12 - 24 所示。

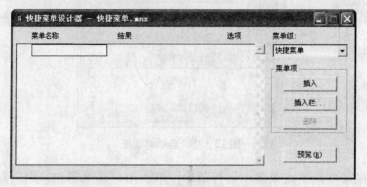

图 12 - 23　创建"快捷菜单"文件

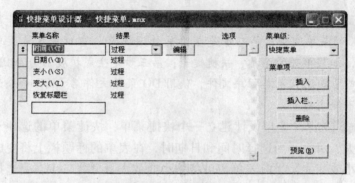

图 12 - 24　创建"快捷菜单"文件

（3）在"快捷菜单设计器"窗口按所需要定义的快捷菜单选项进行输入。

首先在窗口中的"显示"菜单中选择"常规选项"对话框，依次选择"设置"和"清理"复选筐，打开"设置"和"清理"编辑窗口分别输入命令：

①在"设置"编辑窗口输入命令：PARAMETERS　MFREF，用于接收当前表单对象引用的参数语句。

②在"清理"编辑窗口输入命令：RELEASE POPUS　快捷菜单，用于清除快捷菜单的命令。

③快捷菜单各选项的名称和结果设计的过程代码如表 12 - 1 所示。

表 12 - 1　　　　　　　　　　各选项的名称和结果设计的过程代码表

菜单名称	结果中的过程代码
时间	过程代码： k = time（） kk = left（k，2）+ "时" + subs（k，4，2）+ "分" + right（k，2）+ "秒" mfref.caption = kk

表12 -1(续)

菜单名称	结果中的过程代码
日期	过程代码: k = dtoc (date (), 1) kk = left (k, 4) +"年" + subs (k, 5, 2) +"月" + right (k, 2) +"日" mfref.caption = kk
变小	过程代码: w = mfref.width h = mfref.height mfref.width = w - w * 0.2 mfref.height = h - h * 0.2
变大	过程代码: w = mfref.width h = mfref.height mfref.width = w + w * 0.2 mfref.height = h + h * 0.2
恢复标题栏	过程代码: bt = "快捷菜单设计器" mfref.caption = bt

（4）在窗口中的"显示"菜单中选择"菜单选项"对话框，然后在"名称"框中输入快捷菜单的文件名"快捷菜单"。

（5）"单击"文件菜单中的"保存"命令或按 Ctrl + W 键保存将文件保存到快捷菜单.MNX 的文件中。

（6）在菜单栏中选择"菜单"选项中的"生成"选项，进入"生成菜单"窗口，产生快捷菜单.MPR 的文件中。如图 12 -25 所示。

图 12 -25　生成菜单对话框

（7）打开表单 1.SCX 文件，在表单的"RightClick"的事件代码中添加快捷菜单程序的命令：DO 快捷菜单.MPR WITH THIS，再运行表单 1.SCX，显示结果如图 12 -26 所示。

图 12 -26　表单的快捷菜单

此时，鼠标指向快捷菜单点击右键，选择不同的时间、日期、变小、变大、清除选项时，表单的标题栏上将呈现不同的变化，当选择恢复标题栏时当前表单窗口标题将回到快捷菜单设计器画面。

【要点提示】

通过一个快捷菜单的设计，主要经过七个步骤：

①打开"快捷菜单设计器"窗口，然后按列表定义快捷菜单各选项内容。

②从"显示"菜单中选择"常规选项"对话框，打开"常规选项"对话框。

③依次选择"设置"和"清理"复选筐，打开"设置"和"清理"编辑窗口，然后在两个编辑窗口分别输入接收表单对象的参数语句和清除快捷菜单的命令。

④从在窗口中的"显示"菜单中选择"菜单选项"对话框，然后在"名称"框中输入快捷菜单的文件名"快捷菜单"。

⑤按 Ctrl + W 键或文件菜单中的"保存"命令将文件保存到快捷菜单 .MNX 的文件中。

⑥在菜单栏中选择"菜单"选项中的"生成"选项，产生快捷菜单 .MPR 的文件中。

⑦打开表单文件，在表单的"RightClick"的事件代码中添加快捷菜单程序的命令：DO 快捷菜单.MPR WITH THIS。

最后运行表单文件，就可以使用创建的快捷菜单。

13 集成与综合应用实验

一、实验目的

综合应用所学的 Visual FoxPro 相关知识开发一个简单的数据库应用系统——工资核算系统。

本系统涉及的 Visual FoxPro 相关知识点包括：数据表设计、数据库设计、表单设计、菜单设计、报表设计和 Visual FoxPro 程序设计。

二、实验内容

应用案例

步骤一：系统分析

一、系统需求设计

（1）系统基本功能

本工资核算系统可以查询员工的基本个人信息，计算员工的工资和打印（预览）工资报表，并能维护数据表的相关记录。

（2）系统操作流程

系统设计了一个"系统登陆"界面，用户输入正确的用户名和密码后，进入系统菜单。用户选择菜单选项，完成系统的功能。

系统菜单设计如表 13 - 1 所示。

表 13 - 1　　　　　　　　　　　系统菜单功能

主菜单项	子菜单命令	功能
系统管理	数据库结构	执行显示数据库结构的过程
	退出系统	执行退出系统的过程
信息查询	按员工编号查询	执行"按员工编号查询"表单
	按姓名查询	执行"按姓名查询"表单

主菜单项	子菜单命令	功能
数据维护	增删员工记录	执行"增删员工记录"表单修改员工
	基本工资	执行"修改员工基本工资"表单
	修改员工销售金额	执行"修改销售金额"表单
工资核算	计算实发工资	执行"计算实发工资"表单
	工资报表	预览"工资核算"报表

二、系统数据库结构设计

系统使用的数据库及数据表结构列表如下：

(1) "工资核算"数据库——组织数据表：员工表，工资表，销售表。

(2) 员工表(员工编号 C(2)，姓名 C(8)，性别 C(2)，年龄 N(2,0)，部门 C(6))

(3) 工资表（员工编号 C(2)，基本工资 N(8,2)）

(4) 销售表（员工编号 C(2)，销售金额 N(8,2)）

(5) 用户表（姓名 C(8)，密码 C(6)）

(6) 工资核算表（员工编号 C(2)，姓名 C(8)，基本工资 C(8,2)，奖金 N(8,2)，实发工资 N(10,2)）

三、系统工作路径设置

为了便于设计系统，需要设置系统默认路径。可使用如下命令设置为 D：\ VFP 案例。

Set default do D：\ VFP 案例

步骤二：设计数据表与数据库

一、建立数据表

利用表设计器设计"员工表"、"工资表"、"销售表"、"用户表"和"工资核算表"，并输入如下记录，如表13－2、表13－3、表13－4 和表13－5 所示。（操作步骤略）

提示：工资核算表通过执行"计算实发工资"表单自动刷新。

表 13－2　　　　　　　　　　　　员工表中的数据

员工编号	姓名	性别	年龄	部门
01	张艺	男	36	办公室
02	王小强	男	28	市场部
03	李利华	女	23	办公室
04	赵明	男	26	市场部
05	苏惠	女	31	市场部

表 13 - 3　　　　　　　　　　　　　　工资表的数据

员工编号	基本工资
01	3500
02	800
03	48000
04	800
05	800

表 13 - 4　　　　　　　　　　　　　　销售表的数据

员工编号	销售金额
01	5000
02	48000
03	3000
04	12000
05	29000

表 13 - 5　　　　　　　　　　　　　　用户表的数据

用户名	密码
张艺	123456
李利华	654321

二、设计数据库

（1）建立"工资核算"数据库

建立数据库"工资核算 .dbc"，利用数据库来组织多个数据表。（操作步骤略）

（2）向数据库中添加表

利用"数据库设计器"，将"员工表"、"工资表"、"销售表"添加到数据库中。（操作步骤略）

（3）建立表间关系

①利用"数据库设计器"为数据表"员工表"、"工资表"和"销售表"建立"索引"。

②建立"员工表"和"工资表"，"员工表"和"销售表"之间一对一的关系。结果如图 13 - 1 所示。

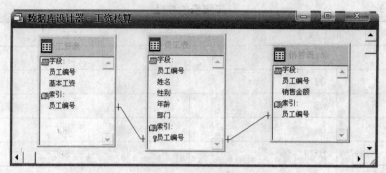

图 13-1　建立表间联系

③设置数据库的"参照完整性"，以便于修改和删除记录的操作，结果如图 13-2 所示。

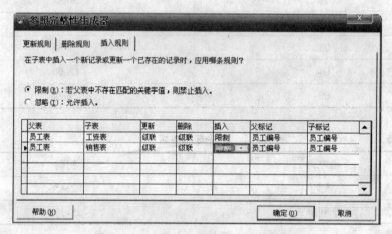

图 13-2　设置数据库的"参照完整性"

步骤三：系统功能模块设计

一、"系统主界面"表单

启动工资核算系统后，系统首先执行"系统主界面"表单。

（1）新建一个表单，在表单中添加 2 个"标签"控件，2 个"命令按钮"控件，1 个"计时器"控件，设置表单和控件相关属性，并调整控件位置后，表单设计结果如图 13-3 所示。

其中 Timer1 的 Interval 属性设置为 100。

（2）打开代码编辑窗口，为相关控件的 Click 事件编写代码如下：

①Command1（登录）的 Click 事件代码

```
Do form 系统登陆
Release thisform
```

②Command2（退出）的 Click 事件代码

```
release thisform
```

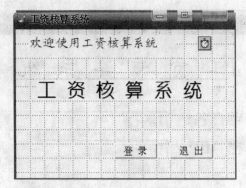

图 13 - 3　系统主界面表单

close all

quit

③Timer1（计时器）的 Timer 事件代码。使得文字"欢迎使用工资核算系统"产生滚动效果。

if thisform.label1.left < - 200

　　thisform.label1.left = 400

endif

　　thisform.label1.left = thisform.label1.left - 5

（3）保存表单并运行表单。

二、"系统登陆"表单

"系统登陆"表单验证操作者的身份是否合法。为了限制密码输入的次数，设置公共变量 i 对输入密码的次数进行记录。

（1）新建一个表单，在表单中添加 3 个"标签"控件，2 个"文本框"控件和 2 个"命令按钮"控件，设置表单和控件相关属性，并调整控件位置后，表单设计结果如图 13 - 4 所示。

其中：Text2 的 PasswordChar 属性设置为字符"＊"。

（2）打开代码编辑窗口，为表单和相关控件的事件编写代码如下：

①表单 Form1 的 Load 事件代码

public i　　&& 设置公共变量 i 对输入密码的次数进行记录

i = 0

②Command1（确定）命令按钮控件的 Click 事件代码

i = i + 1　　&& 输入密码的次数累加

select ＊ from 用户表 where 用户名 = alltrim（thisform.Text1.value）;

　　and 密码 = = alltrim（thisform.text2.value）into cursor temp

if reccount（）＜＞0

　　do 系统菜单 .mpr

　　release thisform

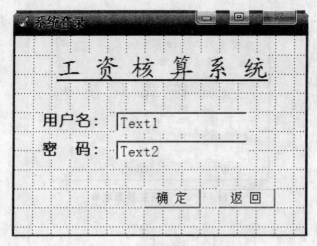

图 13 - 4   "系统登陆"表单

else

　　if i < 3

　　 = messagebox（"操作员密码错!" + chr（13）+"再试一次!"，48,"警告"）

　　thisform.text1.value = " "

　　thisform.text1.setfocus

　　else

　　 = messagebox（"对不起，您已错了三次了!" + chr（13）+"请您退出系统。"，48,"严重警告"）

　　　thisform.release

　　endif

endif

③Command2（返回）命令按钮控件的 Click 事件代码

release thisform

close all

quit   && 退出 VFP 系统

三、"按员工编号查询"表单

运行"按员工编号查询"表单，可以在组合框中选择一个"员工编号"，查询相关信息。

（1）新建一个表单，在表单中添加 6 个"标签"控件，4 个"文本框"控件、1 个组合框控件和 2 个"命令按钮"控件，设置表单和控件相关属性，并调整控件位置后，表单设计结果如图 13 - 5 所示。

其中：Combo1 的 RowSource 属性设置为"员工表.员工编号"，RowSourceType 属性设置为"6 - 字段"。

（2）打开"数据环境设计器"窗口，添加数据表"员工表"。

（3）打开代码编辑窗口，为相关控件的 Click 事件编写代码如下：

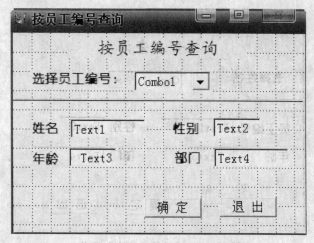

图 13 - 5　"按员工编号查询"表单

① Command1（确定）命令按钮控件的 Click 事件代码

A1 = Alltrim（Thisform.combo1.value）

select ＊ from 员工表 where 员工编号 = A1 into cursor temp01

　　Thisform.text1.value = 姓名

　　Thisform.text2.value = 性别

　　Thisform.text3.value = 年龄

　　Thisform.text4.value = 部门

② Command2（退出）命令按钮控件的 Click 事件代码

release thisform

close all

四、"按姓名查询"表单

运行"按姓名查询"表单，可以在组合框中选择一个"姓名"，查询相关信息。

（1）新建一个表单，在表单中添加 6 个"标签"控件，4 个"文本框"控件、1 个组合框控件和 2 个"命令按钮"控件，设置表单和控件相关属性，并调整控件位置后，表单设计结果如图 13 - 6 所示。

其中：Combo1 的 RowSource 属性设置为"员工表.姓名"，RowSourceType 属性设置为"6 - 字段"。

（2）打开"数据环境设计器"窗口，添加数据表"员工表"。

（3）打开代码编辑窗口，为相关控件的 Click 事件编写代码如下：

①Command1（确定）命令按钮控件的 Click 事件代码

A1 = Alltrim（Thisform.combo1.value）

select ＊ from 员工表 where 姓名 = A1 into cursor temp01

　　Thisform.text1.value = 员工编号

　　Thisform.text2.value = 性别

　　Thisform.text3.value = 年龄

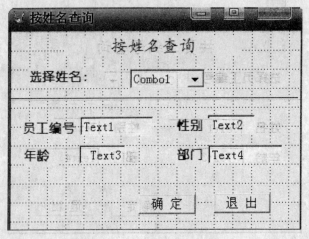

图 13-6 "按姓名查询" 表单

Thisform.text4.value = 部门

②Command2（退出）命令按钮控件的 Click 事件代码

release thisform

close all

五、"增删员工记录" 表单

运行 "增删员工记录" 表单，可以在页框中选择 "增加员工记录" 页或 "删除员工记录" 页，进行增加员工记录或删除员工记录的操作。

（1）新建一个表单，在表单中添加 1 个 "页框" 控件（PageFrame1），并按表 10-6 所示设置页框，以及 2 个页面的属性。

表 10-6　　　　　　　　　　"页框" 控件主要属性设置及说明

对象名	属性名	属性值	说　明
PageFrame1	PageCount	2	设置 2 页页框
Page1	Caption	增加员工记录	第 1 个页面的标题
Page2	Caption	删除员工记录	第 2 个页面的标题

（2）打开 "数据环境设计器" 窗口，添加数据库 "工资核算.dbc" 中的 3 个表："员工表"、"工资表" 和 "销售表"。

（3）在 "页框" 控件的页面 Page1 中添加 6 个 "标签" 控件，4 个 "文本框" 控件、1 个 "选项按钮组" 控件和 2 个 "命令按钮" 控件，设置表单和控件相关属性，并调整控件位置后，表单设计结果如图 13-7 所示。

（4）打开代码编辑窗口，为页面 Page1 中相关控件的 Click 事件编写代码如下：

①Command1（确定）命令按钮控件的 Click 事件代码

A1 = Alltrim（Thisform.pageframe1.page1.text1.value）

A2 = Alltrim（Thisform.pageframe1.page1.text2.value）

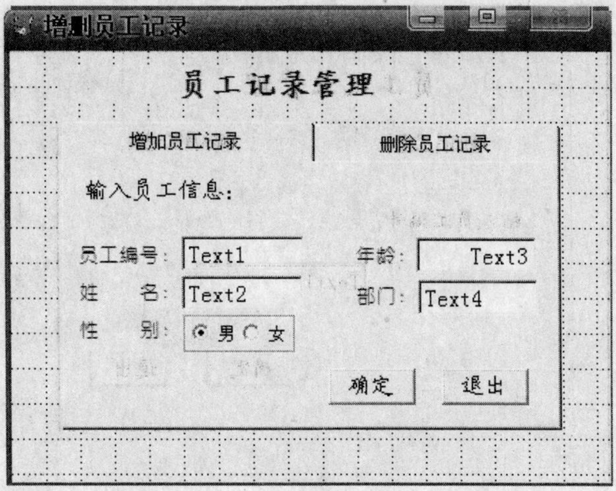

图 13 - 7 "增删员工记录"页面

V = Thisform.pageframe1.page1.optiongroup1.value

if V = 1

  A3 = "男"

else

  A3 = "女"

endif

A4 = Thisform.pageframe1.page1.text3.value

A5 = Alltrim（Thisform.pageframe1.page1.text4.value）

Insert into 员工表（员工编号，姓名，性别，年龄，部门）;

   value（A1，A2，A3，A4，A5）

Insert into 工资表（员工编号）value（A1）　　&& 在工资表中同时增加新记录

Insert into 销售表（员工编号）value（A1）　　&& 在销售表中同时增加新记录

messagebox（"记录已经添加成功!"）

  Thisform.pageframe1.page1.text1.value = " "

  Thisform.pageframe1.page1.text2.value = " "

  Thisform.pageframe1.page1.text3.value = 0

  Thisform.pageframe1.page1.text4.value = " "

②Command2（退出）命令按钮控件的 Click 事件代码

close all

Thisform.release

（5）在"页框"控件的页面 Page2 中添加 1 个"标签"控件，1 个"文本框"控件和 2 个"命令按钮"控件，设置控件相关属性，并调整控件位置后，表单设计结果如图 13 - 8 所示。

（6）打开代码编辑窗口，为页面 Page2 中相关控件的 Click 事件编写代码如下：

①Command1（确定）命令按钮控件的 Click 事件代码

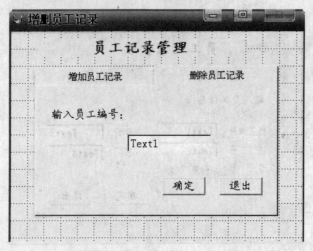

图 13 - 8   "删除员工记录"页面

if messagebox（"确实要删除该员工记录吗?"，4 + 48 + 512,"确认删除"）= 6

　　delete from 员工表；

　　　　where 员工编号 = alltrim（Thisform.pageframe1.page3.text1.value）

messagebox（"该员工记录已经被删除!"）

else

　　messagebox（"记录删除操作已经取消!"）

endif

　　Thisform.pageframe1.page3.text1.value = " "

②Command2（退出）命令按钮控件的 Click 事件代码

close all

Thisform.release

六、"修改员工基本工资"表单

运行"修改员工基本工资"表单，可以在文本框中输入"员工编号"和"基本工资"，以修改"工资表"中的基本工资信息。

（1）新建一个表单，在表单中添加 3 个"标签"控件，2 个"文本框"控件和 2 个"命令按钮"控件，设置表单和控件相关属性，并调整控件位置后，表单设计结果如图 13 - 9 所示。

（2）打开代码编辑窗口，为相关控件的 Click 事件编写代码如下：

①Command1（确定）命令按钮控件的 Click 事件代码

select * from 工资表 where 员工编号 = alltrim（thisform.text1.value）；

　　into cursor temp01

if reccount（）= 0

　　messagebox（"员工编号输入有误，请重输入。"）

　　thisform.text1.value = " "

　　thisform.text2.value = 0

Visual FoxPro——习题·实验·案例

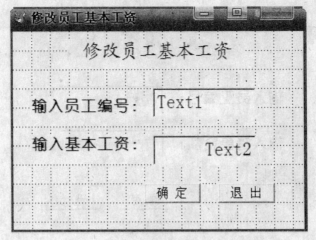

图 13 - 9   "修改员工基本工资"表单

else

  if messagebox（"确实要修改该员工基本工资吗?"，4 + 48 + 512,"；

确认修改"）= 6

    A1 = thisform.text2.value

    update 工资表 set 基本工资 = A1；

    where 员工编号 = alltrim（thisform.text1.value）

  messagebox（"修改操作已完成。"）

    thisform.text1.value = " "

    thisform.text2.value = 0

  else

    messagebox（"修改操作已取消。"）

    thisform.text1.value = " "

    thisform.text2.value = 0

  endif

endif

②Command1（确定）命令按钮控件的 Click 事件代码

close all

release thisform

七、"修改销售金额"表单

运行"修改销售金额"表单，可以在文本框中输入"员工编号"和"基本工资"，以修改"销售表"中销售金额信息。

（1）新建一个表单，在表单中添加 3 个"标签"控件，2 个"文本框"控件和 2 个"命令按钮"控件，设置表单和控件相关属性，并调整控件位置后，表单设计结果如图 13 - 10 所示。

（2）打开代码编辑窗口，为相关控件的 Click 事件编写代码如下：

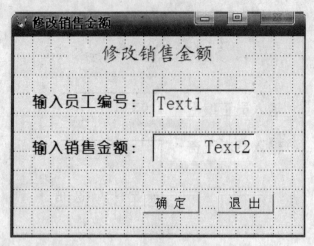

图 13 − 10 "修改销售金额" 表单

①Command1 (确定) 命令按钮控件的 Click 事件代码

select ∗ from 销售表 where 员工编号 = = alltrim (thisform.text1.value);

into cursor temp01

if reccount () = 0

  messagebox ("员工编号输入有误，请重输入。")

else

  if messagebox ("确实要修改该员工销售金额吗?";

  4 + 48 + 512,"确认修改") = 6

    A1 = thisform.text2.value

    update 销售表 set 销售金额 = A1;

    where 员工编号 = alltrim (thisform.text1.value)

    messagebox ("修改操作已完成。")

  else

    messagebox ("修改操作已取消。")

  endif

endif

thisform.text1.value = " "

thisform.text2.value = 0

②Command1 (确定) 命令按钮控件的 Click 事件代码

close all

release thisform

八、"计算实发工资" 表单

运行"计算实发工资"表单，可以对所有员工进行工资核算。

(1) 新建一个表单，在表单中添加 2 个"命令按钮"控件和 1 个"表格"控件，设置表单和控件相关属性，并调整控件位置后，表单设计结果如图 13 − 11 所示。

其中表格 Grid1 的 RecordSourceType 设置为：1－别名；Columncount 设置为 5；
并设置各个 Column 的 Width 属性和 Header 的 Caption 属性。

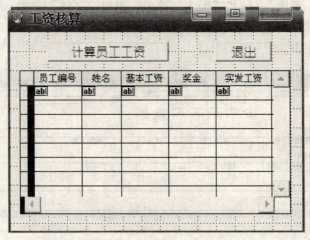

图 13－11　"计算实发工资"表单

（2）打开"数据环境设计器"窗口，添加数据库"工资核算 .dbc"中的 3 个表：
员工表、销售表和工资表。

（3）打开代码编辑窗口，为相关控件的 Click 事件编写代码如下：

① Form1 的 Init 事件代码

thisform.Grid1.Visible =.F.&& 开始时不显示表格

②Command1（计算员工工资）命令按钮控件的 Click 事件代码

select 员工表 .员工编号，姓名，基本工资，销售金额 * 0.2 as 奖金,；

　　基本工资＋销售金额 * 0.2 as 实发工资 from 员工表，工资表，销售表 ；

　　where 员工表 .员工编号＝工资表 .员工编号；

　　.and.员工表 .员工编号＝销售表 .员工编号 into table 工资核算表

thisform.Grid1.RecordSource ="工资核算表"

thisform.Grid1.Visible =.T.

thisform.command1.enabled =.F. && 避免重复计算

thisform.refresh

③Command1（确定）命令按钮控件的 Click 事件代码

close all

release thisform

九、"工资"报表

（1）利用报表设计器新建一个报表。

（2）在报表"数据环境"中添加数据表"工资核算表 .dbf"。

（3）打开"报表"菜单，单击"快速报表"命令。在打开的"快速报表"对话框
中，单击"字段"按钮。在打开的"字段选择器"中，单击"全部"按钮，选择全部
字段进入报表，单击"确定"按钮。关闭字段选择器和快速报表对话框。

（4）打开"报表"菜单，单击"标题/总结"命令，选择"标题带区"复选项，单击"确定"按钮。在报表的标题区中利用"报表控件"工具栏添加"标签"控件，输入"公司员工工资表"。打开"格式"菜单，单击"字体"命令，设置文字格式。

（5）调整报表中标签和域控件的位置，如图 13-12 所示，以"工资核算"作为该报表的名称保存报表。

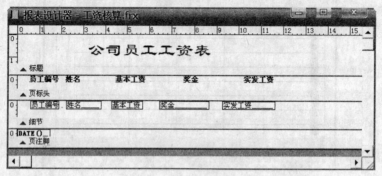

图 13-12　调整后的报表

（6）运行报表，结果显示如图 13-13 所示。

公司员工工资表

员工编号	姓名	基本工资	奖金	实发工资
01	张艺	3500.00	1000.000	4500.000
02	王小强	800.00	9600.000	10400.000
03	李利华	4800.00	600.000	5400.000
04	赵明	800.00	2400.000	3200.000
05	苏惠	800.00	5800.000	6600.000

图 13-13　报表运行结果显示

十、"系统菜单"菜单

（1）设计菜单

①利用"菜单设计器"设计主菜单，主菜单设计界面如图 13-14 所示。

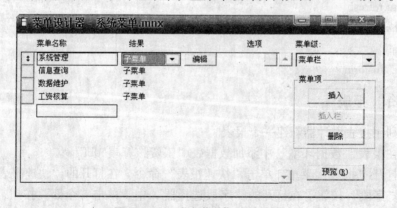

图 13-14　"主菜单"设计界面

②选中主菜单的"系统管理"菜单项，单击"结果"栏右边的"编辑"按钮，进入"系统管理"菜单的设计界面，在"菜单名称"栏中增加子菜单"数据库结构"和"退出"项，并设置"结果"栏为"过程"，如图13-15所示。

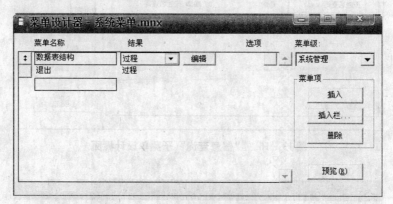

图13-15　"系统管理"子菜单设计界面

③为2个子菜单编辑过程代码如下：

A. "数据表结构"子菜单过程代码

messagebox（"（1）员工表（员工编号C（2），姓名C（8），性别C（2），年龄N（2，0），部门C（6））"+chr（13）+；

　　"（2）工资表（员工编号C（2），基本工资N（8，2））"+chr（13）+；

　　"（3）销售表（员工编号C（2），销售金额N（8，2））"+chr（13）+；

　　"（4）用户表（员工编号C（2），姓名C（8），密码C（6））"，48，"数据库结构"）

B. "退出系统"子菜单过程代码

close all

quit

④单击"菜单级"下拉列表，选择"菜单栏"项，回到主菜单设计界面。

⑤选中主菜单的"信息查询"项，进入"系统管理"菜单的设计界面，在"菜单名称"栏中增加子菜单"按员工编号查询"和"按姓名查询"项，设置"结果"栏为"命令"。并且为各子菜单"选项"分别编写：

DO FORM 按员工编号查询

DO FORM 按姓名查询

设计结果如图13-16所示。

⑥单击"菜单级"下拉列表，选择"菜单栏"项，回到主菜单设计界面。选中"数据维护"项，进入"数据维护"菜单的设计界面，在"菜单名称"栏中增加子菜单"增删员工记录"、"修改员工基本工资"和"修改销售金额"项，设置"结果"栏为"命令"。并且为各子菜单"选项"分别编写：

DO FORM 增删员工记录

DO FORM 修改员工基本工资

DO FORM 修改销售金额

设计结果如图13-17所示。

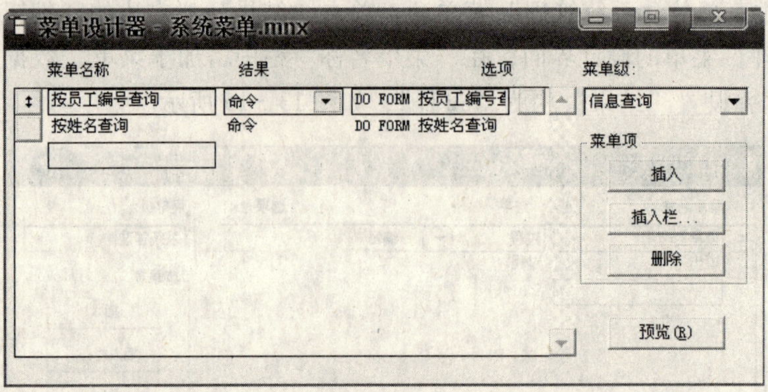

图 13 − 16   "信息查询"子菜单设计界面

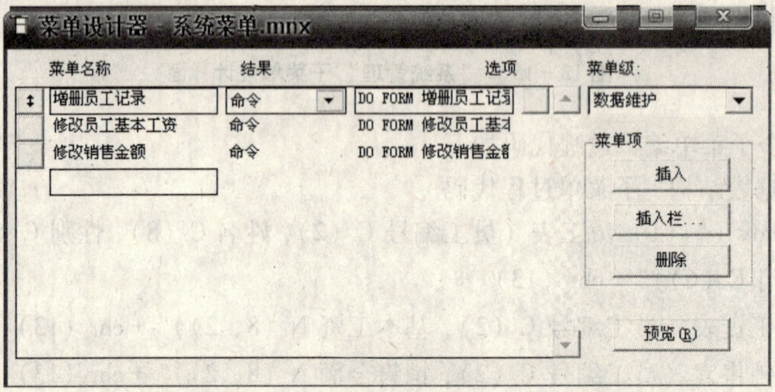

图 13 − 17   "数据维护"子菜单设计界面

⑦单击"菜单级"下拉列表，选择"菜单栏"项，回到主菜单设计界面。选中"工资核算"项，进入"工资核算"菜单的设计界面，在"菜单名称"栏中增加子菜单"计算实发工资"和"工资报表预览"项，设置"结果"栏为"命令"。并且为各子菜单"选项"分别编写：

DO FORM 计算实发工资

REPROT FORM 工资核算

设计结果如图 13 − 18 所示。

⑧将菜单命名为"系统菜单"保存（其扩展名为".mnx"）。

（2）生成菜单

①启动 Visual FoxPro，打开"系统菜单.mnx"，进入菜单设计器窗口。

②打开"菜单"菜单，单击"生成"命令，进入"生成菜单"对话框。

③设置菜单放置路径后，单击"确定"按钮即可生成名为"系统菜单.mpr"的文件。

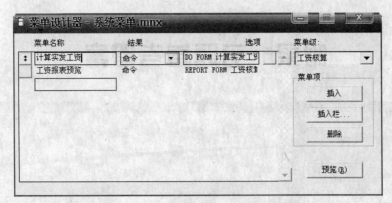

图 13-18 "工资核算"子菜单设计界面

十一、"主程序1"主程序

主程序代码如下：

```
close all
set safety off
set defa to D：\ VFP 案例
do form 系统主界面
```

步骤四：利用项目管理器组织文件

利用"项目管理器"将前面设计的数据库，表，功能模块（表单、报表、菜单、主程序）等组织到一起，就可以"连编"成可执行程序在系统上运行。

（1）利用"项目管理器"建立一个项目"工资核算系统"。并进行如下添加操作：

①在"数据"下的"数据库"项中，添加数据库"工资核算"。

②在"数据"下的"自由表"项中，添加数据表"用户表"和"工资核算表"。

③在"文档"下的"表单"项中，依次添加本系统中涉及到的所有表单：系统主界面表单、系统登录表单、按员工编号查询表单、按姓名查询表单、增删员工记录表单、修改员工基本工资表单、修改销售金额表单、计算实发工资表单。

④在"文档"下的"报表"项中，添加"工资核算"报表。

⑤在"其他"下的"菜单"项中，添加"系统菜单"菜单。

⑥在"代码"下的"程序"项中，添加"主程序1"程序，并将其设置为"主文件"。

（2）保存"工资核算系统"项目。

（3）单击"连编"命令按钮，选择"连编项目成可执行文件"，文件名为"工资核算系统.exe"。

步骤五：执行程序

（1）关闭 Visual FoxPro。

（2）执行可执行文件"工资核算系统.exe"。

附录　习题参考答案

1　数据库概述

习题

一、选择题

1. B	2. D	3. C	4. B	5B	6. A	7. C	8. A	9. B	10. A
11. A	12. A								

二、填空题

1. 联接
2. 选择
3. DBS
4. 数据库、数据库管理系统
5. 层次模型、网状模型和关系模型
6. 记录
7. 字段
8. 记录

2　Visual FoxPro 初步知识

习题

一、选择题

1. B	2. D	3. B	4. A	5. C	6. C	7. C	8. B	9. C	10. D

二、填空题

1. 254
2. .DBF
3. .FPT
4. .PRG
5. .DBC
6. 面向对象
7. 程序方式
8. 表

3 数据类型与基本运算

习题

一、选择题

1. C	2. C	3. C	4. D	5. B	6. A	7. B	8. B	9. A	10. B
11. A	12. A	13. A	14. C	15. C	16. D	17. A	18. A	19. B	20. C
21. C	22. C	23. A	24. B	25. B	26. B	27. C	28. D	29. C	30. C
31. A	32. D	33. A	34. A	35. D	36. B	37. B	38. C	39. A	40. A
41. C	42. B	43. D	44. D	45. B					

二、填空题

1. .T. 、.t. 、.Y. 、.y.
2. .F. 、.f. 、.N. 、.n. 。
3. N
4. YEAR（）
5. MONTH（）
6. DAY（）
7. 20
8. .T.
9. .T.
10. .T.
11. .T.
12. .F.
13. .T.
14. .T.
15. .F.
16. .F.
17. .F.
18. .T.
19. 2
20. 100. 00
21. 600
22. 10
23. 5
24. 42. 4
25. −1
26. 16
27. 5
28. 13
29. 6
30. 20
31. YES.NO.
32. 字符串"数据模型"的长度为：8

4 表的操作

习题

一、选择题

1. A	2. A	3. D	4. A	5. D	6. C	7. B	8. D	9. C	10. A
11. A	12. B	13. D	14. A	15. A	16. A	17. C	18. A		

1. 9999.99
2. .FPT
3. 8
4. 1
5. memo
6. Gen
7. 数值型
8. 备注型
9. 物理
10. 逻辑

5 索引和数据库操作

习题

一、选择题

1. A	2. B	3. C	4. B	5. C	6. B	7. C	8. C	9. B	10. B

二、填空题

1. .DBC，.DCT，.DCX
2. 参照完整性
3. 主或者候选，主或者候选或者普通
4. 逻辑型
5. 数据库表
6. 主关键
7. 候选
8. 索引表达式

6 视图与查询

习题

一、选择题

1. A	2. B	3. A	4. B	5. B	6. B	7. D	8. C		

二、填空题

1. 视图，查询
2. .QPR
3. 数据库文件
4. 远程视图
5. 联接
6. 视图
7. 打开
8. 字段个数
9. 更新数据
10. 可更新字段

7 SQL 基本操作

习题

一、选择题

1. B	2. C	3. D	4. C	5. D	6. A	7. A	8. C	9. B	10. D
11. C	12. C	13. A	14. B	15. D	16. D	17. A	18. B	19. B	20. D
21. B	22. C	23. A	24. A	25. D	26. A	27. C	28. D	29. B	30. B
31. B	32. D	33. C	34. B	35. B	36. A	37. B	38. B	39. A	40. D
41. C	42. B	43. A	44. C	45. A	46. A	47. C	48. A	49. C	50. B
51. B	52. A	53. D	54. C	55. A	56. A	57. D	58. A		

二、填空题

1. 结构化查询语言

2. NULL

3. UNION

4. 计算记录个数，求字段最大值，求字段最大值，求字段平均值，求字段的总和

5. 数据查询

6. *

7. TO FILE

8. WHERE 成绩 > 80

9. CHECK

10. DELETE UPDATE

11. SOME

12. WHERE

13. SUM（工资）

14. 将查询的结果追加在原文件的尾部

15. INTO TABLE

16. SET AGE = AGE + 1

17. ALTER TABLE

18. CREATE VIEW

19. INTO ARRAY 数组名

20. WHERE 单价 BETWEEN 20 AND 30

21. LEFT（出版社，4）="电子"

22. DELETE FROM

23. UPDATE 图书库存表 SET 书目编号 = "K007" WHERE 书目编号 = "B001"

24. AVG（TS.单价）

25. DISTINCT

8　程序设计基础

习题

一、选择题

1. D	2. B	3. D	4. A	5. B	6. A	7. C	8. C	9. B	10. C
11. D	12. D	13. A	14. C	15. C	16. D	17. B	18. C	19. C	20. D
21. B	22. A	23. D	24. D	25. B	26. C	27. B	28. B	29. D	30. C

二、填空题

1. .PRG

2. CTRL + W

3. MODI COMMAND 文件名

4. CLEAR

5. 顺序结构

6. DO CASE

7. 循环结构

8. LOOP，EXIT

9. 循环条件

10. RETURN

11. SET PROCEDURE TO ＜过程文件名＞

12. 10

13. 计算 $1*1+2*2+3*3+4*4+5*5$

14. M = MAX（X，M）

15. 10 次

16. 对象

17. 类

18. 程序

19. 行为，动作

20. 属性

9　表单设计基础

习题

一、选择题

1. B	2. B	3. C	4. A	5. C	6. C	7. D	8. B	9. B	10. D
11. D	12. C	13. A	14. D	15. C	16. B	17. B	18. C	19. D	20. A
21. A	22. A	23. A	24. D	25. A	26. C				

二、填空题

1. 表单向导，表单设计器，程序

2. Caption

3. Value

4. Click

5. PasswordChar

6. ContolSource

7. Caption

8. Messagebox（"欢迎使用"）

10　高级表单设计

习题

一、选择题

1. D	2. C	3. C	4. C	5. C	6. B	7. B	8. C	9. A	10. D
11. D	12. C	13. B	14. B	15. A	16. B	17. C	18. B	19. A	20. D

二、填空题

1. 垂直和平行　　　　　　　　　　2. 0

3. ButtonCount（4）　　　　　　　4. ThisFormSet.Form1.Text1.Value

5. Timer；Interval　　　　　　　　6. PageCount

7. ButtonCount　　　　　　　　　8. 页框

9. 下拉列表框，下拉组合框　　　　10. 计时器

11　报表设计及应用

习题

一、选择题

1. C	2. D	3. A	4. B	5. B	6. D	7. D	8. C	9. B	10. B
11. A	12. B	13. C	14. D	15. A	16. C	17. D	18. A	19. D	20. A
21. C	22. D	23. B	24. A	25. D	26. B	27. C	28. C	29. C	30. B
31. A	32. C	33. A	34. B						

二、填空题

1. 设计器　　　　　　　　　　　　2. 标签

3. 标签　　　　　　　　　　　　　4. 显示

5. 显示，工具栏　　　　　　　　　6. 系统时钟

7. 域控件　　　　　　　　　　　　8. 页面设置，列数

9. 报表，数据分组　　　　　　　　10. REPORT FROM 学生 . FRX TO PRINT

11. 直线　　　　　　　　　　　　　12. 报表表达式

13. 数据源，报表布局　　　　　　　14. 布局

15. 组标头，组注脚　　　　　　　　16. 报表控件，域控件

17. 报表，标题/总结　　　　　　　18. 列报表，一对多报表

19. 移去，删除

12　菜单设计及应用

习题

一、选择题

1. A	2. B	3. D	4. C	5. D	6. B	7. B	8. C	9. B	10. C
11. A	12. D								

二、填空题

1. 快捷

2. CREATE MENU

3. 过程，子菜单

4. RightClick

5. 创建

6. 项目，快捷

7. 系统菜单

8. \ –

9. 显示

10. 快速菜单

图书在版编目(CIP)数据

Visual FoxPro 习题·实验·案例/匡松,何志国,梁庆龙,王勇主编.
2 版.—成都:西南财经大学出版社,2014.1
ISBN 978 - 7 - 5504 - 0964 - 4

Ⅰ.①V…　Ⅱ.①匡…②何…③梁…④王…　Ⅲ.①关系数据库系统—
程序设计　Ⅳ.①TP311.138

中国版本图书馆 CIP 数据核字(2013)第 302882 号

Visual FoxPro 习题·实验·案例(第二版)

主　编　匡　松　何志国　梁庆龙　王　勇

责任编辑:邓克虎

封面设计:何东琳设计工作室

责任印制:封俊川

出版发行	西南财经大学出版社(四川省成都市光华村街55号)
网　址	http://www.bookcj.com
电子邮件	bookcj@foxmail.com
邮政编码	610074
电　话	028 - 87353785　87352368
照　排	四川胜翔数码印务设计有限公司
印　刷	郫县犀浦印刷厂
成品尺寸	183mm×256mm
印　张	16.75
字　数	385 千字
版　次	2014 年 1 月第 2 版
印　次	2014 年 1 月第 1 次印刷
书　号	ISBN 978 - 7 - 5504 - 0964 - 4
定　价	35.00 元